BIANDIAN SHIGONG XIANCHANG DIAOZHUANG
ZUOYE ANQUAN FENGXIAN GUANKONG

变电施工现场吊装
作业安全风险管控

魏忠明　李红昆　路华伟　编著

中国电力出版社
CHINA ELECTRIC POWER PRESS

内 容 提 要

随着电力系统的不断发展，其生产现场高风险的吊装作业也逐年增加。变电专业吊装作业具有变化多、变化大、变化快的特点，尤其临近带电运行的变电设备吊装作业更是环境复杂多变，风险高、管控难度大。为了提高电力生产场所吊装作业安全水平，打造本质安全型企业，特编写本书。

全书共分 12 章，从理论知识、基础知识入手，逐渐过渡到实践操作，再讲案例和应急处置措施，介绍了吊装作业器具试验和检验，详细介绍了电力建设变电施工现场吊装作业的潜在安全风险、风险辨识方法及预控措施等。为了帮助大家查阅和记忆，还在附录提供了风级划分表、吊装作业“十不吊”等口诀。

本书可作为吊装作业参考资料，并且每一篇章都相对独立，可按需选用。本书可作为电力企业变电施工人员的培训教材，同时也可供生产、技术、监理等人员参考。

图书在版编目（CIP）数据

变电施工现场吊装作业安全风险管控/魏忠明等编著. —北京：中国电力出版社，2023.2
ISBN 978-7-5198-7493-3

Ⅰ.①变… Ⅱ.①魏… Ⅲ.①变电所—工程施工—施工现场—起重机械—安全管理—风险管理 Ⅳ.①TM63

中国国家版本馆 CIP 数据核字（2023）第 010991 号

出版发行：中国电力出版社
地　　址：北京市东城区北京站西街 19 号（邮政编码 100005）
网　　址：http://www.cepp.sgcc.com.cn
责任编辑：崔素媛（010-63412392）
责任校对：黄　蓓　王海南
装帧设计：赵丽媛
责任印制：杨晓东

印　　刷：北京雁林吉兆印刷有限公司
版　　次：2023 年 2 月第一版
印　　次：2023 年 2 月北京第一次印刷
开　　本：710 毫米×1000 毫米　16 开本
印　　张：9
字　　数：215 千字
定　　价：48.00 元

前　言

变电专业是电力系统的重要组成部分，变电专业安全生产施工是现代供电、建设企业的生存命脉。

变电专业涉及较多高风险的吊装作业需多人协同配合，对指挥、捆扎、司机等作业人员的专业素养要求较高。变电专业吊装作业具有变化多、变化大、变化快的特点，尤其临近带电运行的变电设备吊装作业，环境复杂多变，作业风险高，管控难度大，在吊装盲区更是犹如“探囊取物”。

随着电力系统的发展，电力设备新增、改造逐年增多，吊装作业也逐年增加。近年来，发生多起吊装机械等大型机械作业导致大面积停电的事故事件，如重庆“10・14”事件、惠州“7・19”事件，导致多座站点失压，造成严重的社会影响，暴露出在吊装机械等大型机械作业风险管控方面存在诸多问题，应引起高度重视。

为贯彻落实“安全第一、预防为主、综合治理”方针，加强吊装机械等大型机械作业现场勘查、风险评估、方案制定及审核、作业过程监护、监督考核等全过程管控，持续提升生产场所吊装作业安全水平，打造本质安全型企业，特编撰了本书。

全书由云南送变电工程有限公司魏忠明技能大师工作室组织编撰，共分为12章，其中第一章、第四章、第八章、第十二章由路华伟同志编写；第二章、第三章、第五章、第六章及附录，由魏忠明同志负责编写；第五章和第六章的插图，由云南电网保山供电局廖国庆和云南送变电工程有限公司培训与评价中心的蒋红锦同志绘制；第七章、第九章、第十章、第十一章由李红昆同志编写。

本书在编撰过程中得到了云南送变电工程有限公司领导、工程技术人员和施工人员的大力支持与帮助，谨在此表示诚挚的谢意。

本书围绕指导现场实际工作而编撰，侧重于现场如何操作和应遵循的标准，而不深入地探讨理论。书中所引用的标准均为现行最新国家标准、行业标准及企业标准、各类规范标准的集中引用，可以省去现场查阅各种标准的麻烦，应用起来更加得心应手、事半功倍。

由于时间仓促、作者水平有限，书中不妥之处在所难免，敬请各位读者批评指正，以便编者不断修改补充完善。

作者

2022 年 12 月于昆明

目　录

第一章

变电施工现场吊装作业基本知识

第一节　起重方式分类及施工方案

变电工程施工中，吊装作业占有重要地位，是危险性较高的分部分项工程，在施工各工序中更是发挥着重要作用。比如，在变电土建工序中，吊装作业主要是吊装变电站构支架、施工材料；在变电电气安装工序中，吊装作业主要是吊装变电站、开关站、换流站的电气设备等。

一、吊装方式分类及准备工作

1. 吊装方式分类

根据起重所用机具的不同，起重作业大体可按下列方式分类。

（1）简单机械起重物件，如用千斤顶、葫芦等。

（2）用起重抱杆及机动绞磨起吊物件，如抱杆、绞磨机等。

（3）用吊装机械吊装物件，如汽车起重机、履带起重机等。

2. 选择吊装方式的要素

选择吊装方式应考虑以下 3 个要素。

（1）被吊物件的外形尺寸、质量、性质及作业量。

（2）被吊物件所处地理条件。

（3）施工单位自身的机具及人员条件。

3. 吊装作业的准备工作

实施吊装作业前应做好下列准备工作。

（1）对被吊物件及地理条件进行调研，掌握吊装方式选择的 3 个要素相关资料。

（2）对吊装作业进行施工组织设计。

（3）编写吊装作业施工方案。

（4）对施工人员进行安全技术交底。

二、编写及审核吊装施工方案

1. 现场勘查

（1）对于危险性、复杂性和困难程度较高的吊装作业，关键人员（项目负责人、安全监护人员、监理人员、施工队负责人、起吊司机、起吊指挥等）在开工前，必须进行现场详细勘查，逐一核实风险点及起重可行性，并按照《中国南方电网有限责任公司电力安全工作规程》要求填写现场勘查记录表。必要时制定具有针对性的安全协议，明确各方的安全责任。

（2）现场勘查应查看作业需要停电的范围、保留的带电部位、装设接地线的位置、邻近线路、交叉跨越、地下管线设施和作业现场的条件、环境及其他影响吊装作业的危险点，并保存现场实物图。

（3）结合设备及施工作业场地照片、接线图等实际情况绘制作业现场平面示意图，或采用作业现场三维建模的方式，明确吊装机械的行走路线、停放位置、摆臂范围、作业范围、指挥位置、相邻带电设备标注及安全距离等。可利用激光测距仪或经纬仪等手段实地测量一次设备及吊车尺寸，与图纸对比并消除偏差。

2. 编写吊装施工方案

编写吊装施工方案，方案应包含人员情况、工程概况、施工流程、工器具配备、关键施工作业方法、应急处置措施、作业现场平面示意图、现场实物图、风险评估及管控措施等。施工方案应根据现场实际勘查情况编写，严禁未勘查套用抄袭。

3. 方案审核及风险评估

（1）应根据现场作业环境充分评估审核吊装机械作业的必要性。针对在带电导线下方或临近带电设备开展起吊作业，应尽量采用其他方案替代。

（2）项目实施单位应按照施工方案的审核机制组织对吊装机械作业施工方案的同步审批，且须经项目责任单位、项目监理单位、项目施工单位的主管、分管领导各层级审批通过。

（3）根据现场施工方案情况评估作业风险等级，针对高风险及以上的吊装机械作业，作业前必须组织关键人员（包括项目负责人、安全监护人员、监理人员、施工队负责人、起吊司机、起吊指挥人员等）对照吊装机械作业施工方案开展一次全过程场景预演，评估各环节风险管控措施是否完备并进行完善。

第二节　吊件荷载计算

变电工程吊装作业前，必须明确被吊物体的质量或重力，以便选择合适的起重工具。

一、物体的重力计算

1. 已知物体质量

已知物体质量时，物体的重力为

$$G=9.807m$$

式中　G——物体的重力，N；

m——物体的质量，kg。

2. 已知物体密度

已知物体密度时，物体的重力为

$$G=9.807V\rho\times10^{-3}$$

式中　G——物体的重力，N；

V——物体的体积，cm^3；

ρ——物体的密度，g/cm^3。

3. 已知材料容重度

已知材料容重度时，材料的重力为

$$G=9.807V\gamma$$

式中　G——材料的重力，N；

V——材料的体积，m^3；

γ——材料的容重，kg/m^3。

二、常规物体的体积计算

计算物体重力之前，应根据物体形状计算其体积。

对于单一形状的物体，如正方体、长方体，可按计算公式计算体积。对于复合形状的物体，即由两个或两个以上单一形状物体组合而成的物体，其体积可拆分为几个单一形状物体，先计算各单一物体的体积，再相加得出复合形状物体的体积。

1. 正方体体积计算

正方体体积的计算公式为

$$V=a^3$$

式中　V——正方体的体积，m^3；

a——正方体的边长，m。

2. 长方体体积计算

长方体体积的计算公式为

$$V=abh$$

式中　V——长方体的体积，m^3；

a——长方体的长边长，m；

b——长方体的短边长，m；

h——长方体的高，m。

3. 圆柱体体积计算

圆柱体体积的计算公式为

$$V=\pi r^2 h$$

式中　V——圆柱体的体积，m^3；

r——圆柱体的半径，m；

h——圆柱体的高，m。

4. 空心圆柱体体积计算

空心圆柱体体积的计算公式为

$$V=\pi h(r_2^2-r_1^2)$$

式中　V——空心圆柱体的体积，m^3；

r_2——空心圆柱体的外半径，m；

r_1——空心圆柱体的内半径，m；

h——空心圆柱体的高，m。

5. 正六角柱体积计算

正六角柱体积的计算公式为

$$V=2.5981a^2h$$

式中　V——正六角柱的体积，m^3；

a——正六角柱的边长，m；

h——正六角柱的高，m。

6. 球体积计算

球体积的计算公式为

$$V=\frac{4\pi r^3}{3}$$

式中　V——球的体积，m^3；

r——球的半径，m。

7. 圆锥体积计算

圆锥体积的计算公式为

$$V=\frac{\pi r^2 h}{3}$$

式中　V——圆锥的体积，m^3；

r——圆锥的半径，m；

h——圆锥的高，m。

三、物体的重心计算

在吊装作业中，不仅应了解物体的重力，而且应了解物体的重心，使起吊物体的绑扎绳固定点尽量选择在物体重心之上，以保持物体的起吊平衡。变电工程施工中有些电气设备在制造过程中已设置了便于起吊作业的挂环或挂钩，应按设备安装说明书要求开展吊装作业。

第二章

变电施工现场吊装安全防护用品用具

第一节　安全防护用品的定义及基本条件

一、安全劳动防护用品的定义

安全劳动防护用品是以预防事故和职业病为目的，保护劳动者在生产过程中的人身安全与健康所必备的一种防御性装备，如图 2-1 所示。安全劳动防护用品在减少职业危害方面起着相当重要的作用。

图 2-1　安全劳动防护用品

二、防护用品应具备的基本条件

（1）不妨碍正常操作。

（2）具有充分的危险（危害）防护能力。

（3）其组成材料（成分）对作业人员无不良影响。

（4）容易穿戴或脱去。

（5）外观、性能良好。

第二节　常用安全劳动防护用品

电力吊装作业现场常用安全劳动防护用品有工作服、安全工作鞋、安全帽及安全带，此外，还有防护手套、近电带电体报警器等装备。

一、工作服

工作服是可以保护工作人员免受或减缓劳动环境中的物理、化学等因素伤害的制服，如图 2-2 所示。

作为进入生产场所的个人防护用品，工作人员进入设备运行区域或工作现场都必须穿工作服，电力行业的工作服应使用纯棉面料制成，在遇到高温时通过炭化形成防护，不会熔融和融滴。统一规范穿着工作服，不但可起到一定的安全防护作用，同时还可以标志工作人员的身份，有利于增强工作人员纪律观念和对现场秩序的管控。

1. 进入现场必须穿工作服

进入生产、施工现场工作必须穿着成套纯棉长袖工作服。袖口、裤口及领口必须扎紧。

2. 穿着时整齐， 穿着后妥善保管

（1）穿着时整齐。衣服和袖口必须扣好，穿戴整齐、衣着灵便，穿工作鞋。

（2）穿着后妥善保管。工作服应存放在干燥处，如图 2-3 所示，有破损应及时更换。

图 2-2　工作服

图 2-3　妥善保管工作服

3. 杜绝穿工作服的 4 种习惯性违章

(1) 不穿工作服进入生产、施工现场。

(2) 穿工作服但扣子未扣好，错扣、漏扣，内衣外露，挽袖口和裤脚。

(3) 上身穿工作服，下身穿一般尼龙裤（或迷彩服）。

(4) 穿拖鞋、凉鞋进入生产、施工现场。

二、安全工作鞋

安全工作鞋（简称安全鞋）是安全类鞋和防护类鞋的统称，一般指在不同工作场合穿用的具有保护脚部及腿部免受可预见的伤害的鞋类。安全鞋属于高技术含量及高附加值的鞋类产品，安全鞋的生产过程中对原料、辅料、机械设备等的要求都很高。

1. 安全鞋的分类

安全鞋分为工作鞋、绝缘鞋、绝缘靴三大类。

(1) 工作鞋。即低帮皮鞋，采用绑带式结构。

(2) 绝缘鞋。分为低帮绝缘皮鞋和登高绝缘鞋，低帮绝缘皮鞋要求标称电压 6kV 以上；登高绝缘鞋要求标称电压 5kV 以上。

(3) 绝缘靴。具备标称电压 15kV 以上绝缘能力，采用整体一次成型技术制造的靴子。

2. 安全鞋的性能要求

(1) 面料。牛皮。

(2) 特点。强度高、防水透气性能好。

(3) 内衬。透气皮革内衬。

(4) 底料。采用防滑底纹材料。

(5) 功能。具有防水、防滑、耐油及防静电等功能，特殊要求具有防穿刺、防砸功能。

(6) 颜色。安全鞋的表面颜色采用黑色，鞋的内衬颜色采用浅色。

(7) 鞋底。必须永久性标示具体防护性能和标准鞋号。

(8) 标准要求。完全符合中国国标要求。

3. 安全鞋的选用规范

(1) 工程施工人员应选用安全鞋。

(2) 变电类人员（含变电生产检修人员）选用低帮绝缘皮鞋，登高作业应选用软底绝缘鞋。

(3) 线路登高作业时选用登高绝缘鞋。

4. 使用及管理方法

（1）地面湿滑的作业环境应选用摩擦力大的安全鞋。

（2）塑料材质的安全鞋，其耐高温、耐油脂的性能不如橡胶材质的安全鞋，因此，高热环境下应采用橡胶材质的安全鞋。

（3）禁止穿着防静电安全鞋接触带电体。

（4）选用轻便合脚的安全鞋，穿安全鞋时应系紧鞋带，如图 2-4 所示。

图 2-4　选用轻便合适的安全鞋

三、安全帽

安全帽对工作人员头部受坠落物及其他特定因素引起的伤害起保护作用。

1. 安全帽的种类

安全帽种类繁多，常用的安全帽种类见表 2-1。

表 2-1　常用的安全帽种类

种 类	使用区分	帽壳的材质
物体打击防护型（A）	防护或减轻物体坠落、打击的伤害	合成树脂、金属
打击、坠落防护型（AB）	防护或减轻物体坠落、打击的伤害	合成树脂、金属
打击、触电防护型（AE）	防护或减轻物体坠落、打击的伤害，防止头部触电	合成树脂
多用型（ABE）	防护或减轻物体坠落、打击，高处坠落时的伤害，防止头部触电	合成树脂

2. 安全帽的构造

安全帽由帽壳、头箍、头托、汗带等组成，安全帽的构造及其主要组成部分如图 2-5 所示。

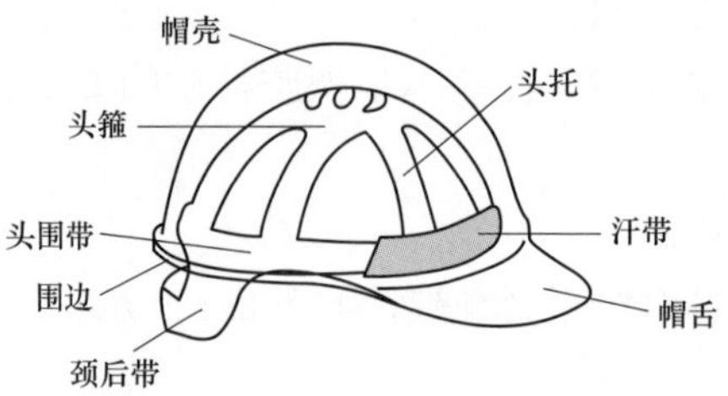

图 2-5　安全帽的构造及其主要组成部分

（1）帽壳。安全帽的外壳包括帽舌、帽檐、顶筋、透气孔、插座、栓衬带孔及下颏带挂座等。

（2）帽舌。帽壳前部伸出部分。

（3）帽檐。帽壳除帽舌外周围伸出的部分。

（4）顶筋。用来增强帽壳顶部强度的部分。

（5）透气孔。帽壳上升的气孔。

（6）插座。帽壳与帽衬及附件连接的插入结构。

（7）连接孔。连接帽衬和帽壳的开孔。

（8）帽衬。绕头内部部件的总称，包括帽箍、托带、吸汗带、衬垫及拴绳（带）等。

（9）帽箍。绕头围部分起固定作用的带圈。

（10）托带。与头顶部直接接触的带子。

（11）拴绳（带）。连接托带和护带、帽衬和帽壳的绳（带）。

（12）汗带。包裹在帽箍外面的吸汗材料。

（13）衬垫。帽箍和帽壳之间的缓冲作用的垫。

（14）后箍。在帽箍后部加有可调节的箍。

（15）帽衬接头。连接帽衬和帽壳的接头。

（16）下颌带。系在下颏上的带子。

（17）锁紧卡。调节下颏带长短的卡具。

（18）插接。帽壳和帽衬采用插合连接的方式。

（19）拴接。帽壳和帽衬采用拴绳连接的方式。

（20）铆接。帽壳和帽衬采用铆钉铆合的方式。

3. 安全帽的防护作用

由图 2-5 可以看到，安全帽的帽壳呈半球形，坚固、光滑并有弹性，打击物的冲击和穿刺功能主要由帽壳承受。帽壳和帽衬之间留有空间，可缓冲、分散瞬时冲击力，从而避免或减轻对头部的直接伤害。

安全帽能保护作业人员的头部免受打击、防止高处坠物伤害头部、防止机械性损伤、防止毛发伤害等。

4. 安全帽的使用与保养

安全帽不能储存在酸、碱、高温、日晒、潮湿等场所，更不可和硬物放在一起。安全帽使用与保养的禁止行为如图 2-6 所示。

图 2-6　安全帽使用与保养的禁止行为

（1）禁止在帽壳上钻孔。

（2）禁止在帽壳上喷涂油漆。当帽壳被油漆、油污等物质污染时，可使用有机溶剂清洗（注意：所使用的有机溶剂不应对帽壳强度产生不良影响）。

（3）塑料等合成树脂在紫外线等外界作用下，可发生龟裂、强度降低等现象。发现安全帽有弹性降低、色泽变化、龟裂时应立即更换，不可继续使用。

（4）禁止抛掷或者敲打安全帽（防止破损）；禁止将安全帽置于汽车后窗等环境中保管（防止老化）。

5. 安全帽的佩戴要点

（1）应正确选用佩戴安全帽，任何人员进入除办公室、控制室、值班室和班组休息室外的电力生产作业、施工现场，都必须正确佩戴安全帽。

（2）必须遵守安全帽的色别管理规定，安全帽的颜色及其适用人员如图 2-7 所示。

（3）使用前应认真检查安全帽。帽檐生产日期的永久性标志应可清晰辨识，并经试验合格，在合格有效期内（安全帽正常使用寿命为出厂后的 30 个月内）。帽壳无裂纹或损伤，无明显变形；手握拳头压托带衬垫，托带衬垫应与内顶垂直，并保持 20～50mm 的空间，如图 2-8 所示；严禁佩戴帽内无缓冲层的安全帽壳。

（4）佩戴安全帽前必须将长头发束好，放入安全帽内，并根据头型将帽箍调整至合适位置，系好下颌带，松紧程度以昂头不松动，低头不下滑为准，如图 2-9 所示。严禁在安全帽之内叠戴其他帽子。

6. 杜绝佩戴安全帽的 5 种习惯性违章

（1）不戴安全帽进入现场。

白色 —— 领导或参观人员

红色 —— 管理人员

蓝色 —— 检修人员

黄色 —— 运行或巡检人员

图 2-7　安全帽的颜色及其适用人员

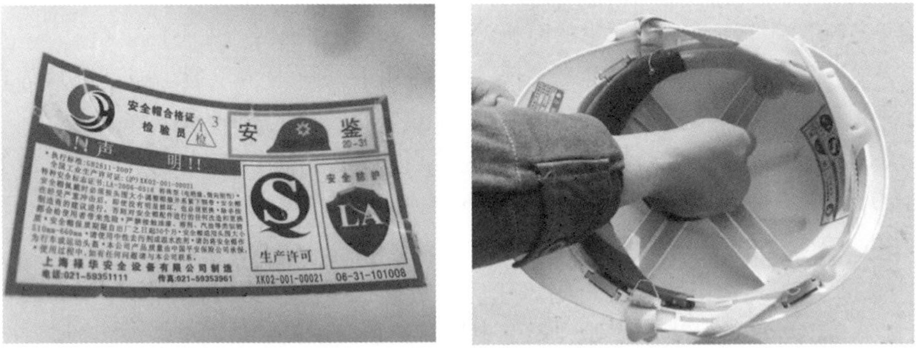

图 2-8　使用前认真检查安全帽

（2）佩戴不合格的安全帽。

（3）在安全帽上乱涂乱画。

（4）把安全帽当凳子、容器等使用。

（5）将下颌带放在脑后、帽内或不系紧下颌带使用安全帽。

四、安全带

安全带是防止高处作业人员发生高空坠落或发生坠落后将作业人员安全悬挂的个体防护设备。当坠落事故发生时，安全带可使作用于人体上的冲击力小于人体的承受极限，可以预防和减轻冲击事故对人体产生的伤害。

在没有栏杆的脚手架上工作，高度超过 1.5m 时，应使用安全带或采取其他

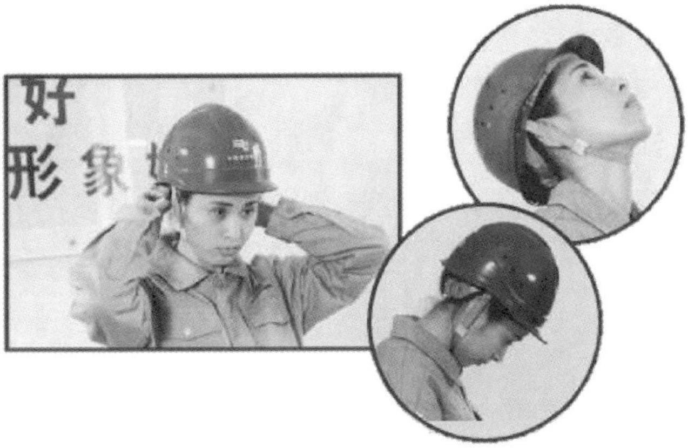

图 2-9　正确佩戴安全帽

可靠的安全措施。

1. 安全带的分类和标记

（1）分类。

安全带按作业类别分为围杆作业安全带、区域限制安全带、坠落悬挂安全带、双保险（双钩）安全带等，如图 2-10 所示。安全带主要由肩带、护腰带、承座带、股带、扣环和背部支撑带、围杆带（围杆绳）、安全绳、连接器、调节器（调节扣）、缓冲器等组成，如图2-11 所示。

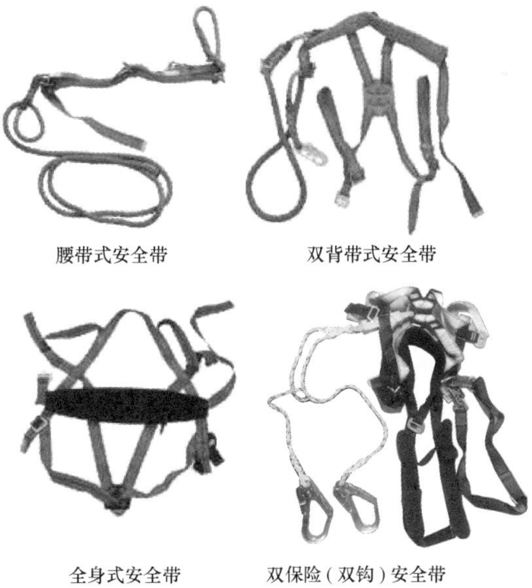

图 2-10　各种安全带

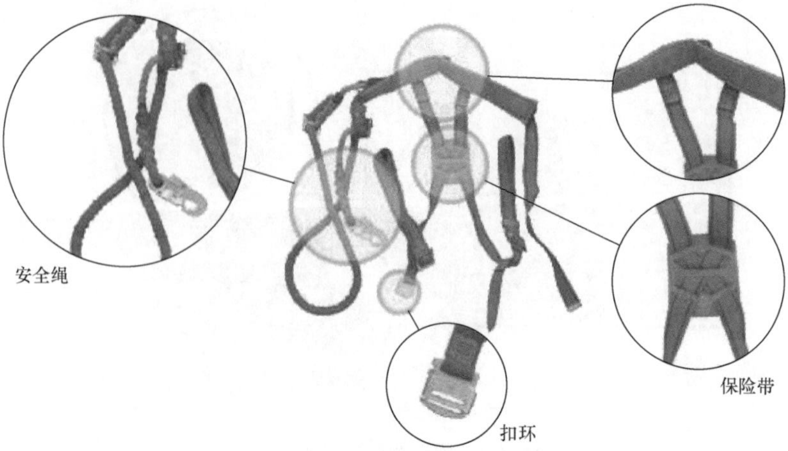

图 2-11　常用的安全带及结构

（2）标记。

安全带的标记由作业类别、产品性能两部分组成。

作业类别：以字母 W 代表围杆作业安全带，以字母 Q 代表区域限制安全带，以字母 Z 代表坠落悬挂安全带。

产品性能：以字母 Y 代表一般性能，以字母 J 代表抗静电性能，以字母 R 代表抗阻燃性能，以字母 F 代表抗腐蚀性能，以字母 T 代表适合特殊环境（各性能可组合）。

2. 安全带的防坠装置

（1）速差自控器。

速差防坠器又叫收放式防坠器。安装在挂点上，装有可伸缩长度的绳（带、钢丝绳），串联在系带和挂点之间，在坠落发生时因速度变化引发制动作用的部件。

1）具有自锁功能；

2）需预留拦阻距离；

3）有牢固可靠的悬挂点，如图 2-12 所示。

（2）导向式防坠器。

导向式防坠器附着在导轨上，是由坠落动作引发制动作用的部件。

1）可装缓冲器；

2）具有自锁功能，如图 2-13 所示。

3. 安全带使用要点

（1）高处作业必须系好安全带。凡在坠落基准面 2m 及以上有高坠风险的地

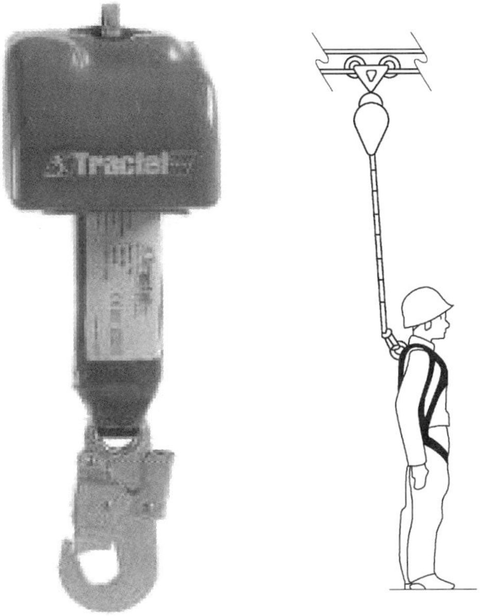

图 2-12　速差防坠器

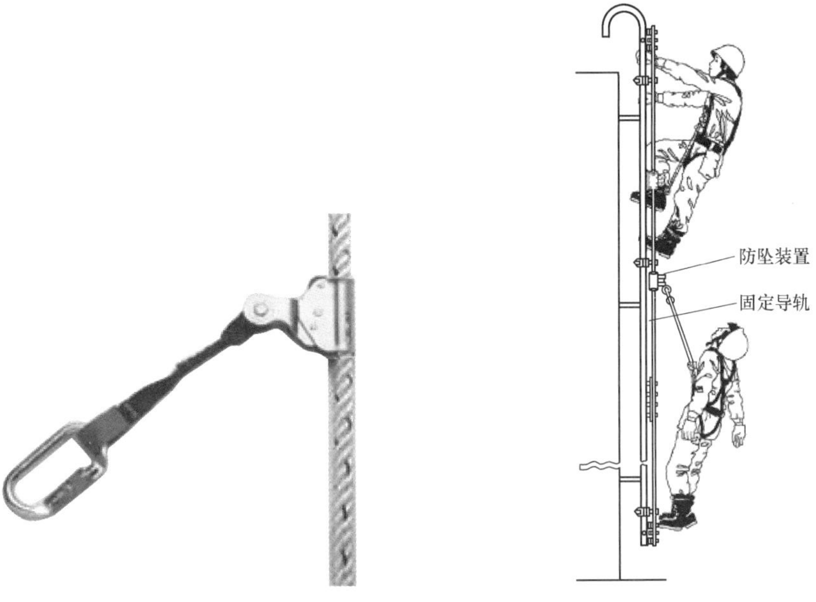

图 2-13　导向式防坠器

点工作，应使用双保险安全带；保险带、绳使用长度在 2m 以上的应加缓冲器；当在高空作业，活动范围超出安全绳保护范围时，必须配合速差式自控器使用。

（2）正确使用安全带。

1）使用前进行检查。使用前必须进行外观检查，确保安全带试验合格，未超出使用有效期，无破损、起毛或断裂迹象，连接部位、缓冲器完好无损，并进行冲击试验。

2）使用时系好挂牢、不失保护。安全带的受力点宜在腰部与臀部之间位置。安全带安全绳要高挂低用，挂在牢固的物件上，确保悬挂点坚固、可靠，并且避免火或其他热源、锋利边缘、腐蚀性物品等。高处作业转位时不得失去保护。

3）使用后妥善保管。安全带应储藏在干燥、通风的仓库内，不准接触高温、明火、强酸、强碱和尖锐的坚硬物体，也不准长期暴晒。安全带应每年进行一次静负荷试验。

4. 安全带的保养

（1）安全绳、带应保持清洁；金属部件加油防锈。

（2）避免存放在以下环境：①高温与潮湿；②暴晒与肮脏；③化学物品或化学气体；④鼠患和昆虫滋生。

5. 杜绝系安全带的6种习惯性违章

（1）高处作业未使用安全带。

（2）使用不合格的安全带。

（3）安全带挂在不牢固或锋利的物件上。

（4）将安全带乱抛乱放，或擅自接长使用。

（5）安全带受力点位置不正确，系在臀部。

（6）安全绳低挂高用，作业转位时失去保护。

第三章

变电施工现场吊装常用机具

变电施工现场吊装机具繁多，主要涉及吊装带、吊装工具、锻件吊具、链条索具、钢丝绳、非标吊具等。

第一节 钢 丝 绳

1834 年，欧洲人奥鲁勃特发明了世界上第一根钢丝绳（光面钢丝绳），1939 年建立的天津市第一钢丝绳厂是我国第一家金属制品企业。

钢丝绳是将力学性能和几何尺寸符合要求的钢丝按照一定的规则捻制在一起的螺旋状钢丝束，钢丝绳由钢丝、绳芯及润滑脂组成。钢丝绳是先由多层钢丝捻成股，再以绳芯为中心，由一定数量股捻绕成螺旋状的绳。在物料搬运机械中，供提升、牵引、拉紧和承载之用。钢丝绳的强度高、自重轻、工作平稳、不易骤然整根折断，工作可靠。

钢丝绳使用过程中需要承受交变载荷的作用，其使用性能主要由钢丝力学性能、钢丝表面状态和钢丝绳结构决定。钢丝材质包括碳素钢或合金钢，通过冷拉或冷轧而成，钢丝横断面有圆形或异形（T 型、S 型、Z 型）。异形横断面钢丝主要用于密封钢丝绳的生产，具有较高的抗拉强度和韧性，并对钢丝进行适宜的表面处理以满足不同使用环境条件的需求。

一、钢丝绳的种类

钢丝绳是把多根直径为 0.3～3mm 的高强度碳素钢钢丝先拧成股，再把若干股拧成的碳素钢钢丝围绕着绳芯拧成绳。钢丝绳种类很多，可按制绳钢丝材质、表面处理、捻制方法和钢丝绳用途等进行分类。

1. 按绕捻方法分类

钢丝绳按绕捻方法不同，可分为左同向捻、右同向捻、左交互捻、右交互捻 4 种。吊装作业中常用右交互捻钢丝绳。

2. 按材质分类

钢丝绳按绳芯材料不同，可分为碳素钢钢丝绳和不锈钢钢丝绳。

碳素钢钢丝绳以优质碳素结构钢钢丝为原料捻制而成；不锈钢钢丝绳以不锈钢钢丝为原料捻制而成。

3. 按绳芯材料分类

钢丝绳按绳芯材料不同，可分为麻芯、石棉芯及金属绳芯 3 种。吊装作业中常用麻芯钢丝绳，麻芯中浸有润滑油，起减小绳股及钢丝之间的摩擦和防腐蚀的作用。

4. 按表面处理分类

钢丝绳按钢丝表面处理方式不同，可分为光面钢丝绳、涂油钢丝绳、磷化涂层钢丝绳、镀锌钢丝绳及涂塑钢丝绳等。

(1) 光面钢丝绳。光面钢丝绳即经过热处理和表面准备的原料冷拉后得到的制绳钢丝（预处理过程中形成的磷化膜在冷拉过程中与拉丝模具激烈摩擦逐渐脱落），钢丝不再经过任何表面处理直接捻制股绳、钢芯和钢丝绳。

(2) 涂油钢丝绳。起重涂油钢丝绳使用最为广泛，多适用于起重和卷扬机场合，钢丝绳油可以起到防锈和润滑作用，价格相对便宜。

(3) 磷化涂层钢丝绳（中国专利）。磷化涂层钢丝绳简称磷化钢丝绳，制绳钢丝的磷化处理优先采用锰系或锌锰系磷化，磷化膜膜重 3～60g/m^2，磷化后的钢丝在捻制前不进行任何拉拔加工，而是直接捻制股绳、钢芯及钢丝绳。磷化膜可以提高制绳钢丝表面的耐磨损、耐腐蚀能力，有效抑制微动疲劳的发生；由于磷化涂层使钢丝表面更加耐磨，而且磷化膜不导电，还能同时提高钢丝抗锈蚀能力。因此，磷化钢丝绳的耐疲劳性能大幅度提高，其使用寿命可以是光面钢丝绳的 2～3 倍。磷化钢丝绳不仅是光面钢丝绳的理想替代品，也完全有能力替代进口的钢丝绳。

(4) 镀锌钢丝绳。包括热镀锌和电镀锌两种方法，镀锌层对钢丝的保护属于阳极保护，镀锌层越厚防腐蚀能力越强。热镀锌钢丝绳就是在钢丝绳经过热处理镀了一层锌，通常热镀锌层比较厚，能在空气中保证 20 年不生锈。电镀锌钢丝绳相对热镀锌防锈功能差一点，一般只能在空气中 3～5 年不生锈，但电镀锌钢丝绳表面会比热镀锌钢丝绳表面金属光泽更光亮一点。

(5) 涂塑钢丝绳。涂塑即在钢丝绳外表面或股绳外表面涂覆一定厚度的 PVC 塑料，包括聚乙烯、聚丙烯、聚氨酯等，有起重缓冲和耐磨效果。

二、钢丝绳的结构

钢丝绳结构如图 3-1 所示。

钢丝绳按绳股及丝数不同可分为 6×19、6×37、6×61 等，前面的数字代表钢丝绳的股数，后面的数字代表钢丝绳每一股由多少条钢丝组成。如“6×

37”的意思是钢丝绳一共有 6 股，每一股有 37 根钢丝。

绳芯的主要作用是对钢丝绳起到支撑作用，以达到稳定的横断面结构。绳芯有钢芯和纤维芯之分，其中纤维芯包括天然纤维芯和合成纤维芯，天然纤维芯如剑麻、黄麻、棉线等，合成纤维芯包括聚乙烯和聚丙烯长丝等。

天然纤维芯可以储存较多的润滑脂，对钢丝绳起到润滑作用，延长钢丝绳使用寿命。钢丝绳在捻制过程中喷涂润滑脂的主要作用为：①对钢丝绳进行润滑，减缓钢丝表面的磨损；②润滑脂可以将钢丝表面与空气中的氧气隔离，对钢丝绳发生氧化锈蚀起到抑制作用。

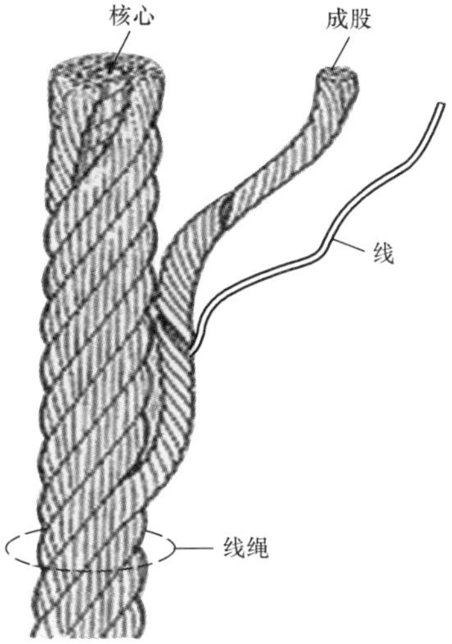

图 3-1 钢丝绳结构

三、钢丝绳的标记

目前，在吊装机械上所采用的钢丝绳主要是普通型结构钢丝绳，最常用的是 6×19 钢丝绳和 6×37 钢丝绳，如 6×37＋FC、6×19＋IWS 等，其中 FC 是指 Fibre Core，即纤维芯（麻芯）；IWS 指金属股绳芯（Merallic Wire Stran dcore）。

按照《钢丝绳通用技术条件》（GB/T 20118—2017）的规定，钢丝绳的标记方法如下：

如“6×37-15.0-170-I-甲-镀-右交”，表示该钢丝绳是 6 股捻制，股的结构型式为点接触，每股有 37 根钢丝，纤维麻芯，钢丝绳直径 15.0mm，由公称抗拉强度 1700MPa 的 I 号甲组镀体钢丝制成，钢丝绳的捻向为右交互捻。

四、钢丝绳的维护

钢丝绳（套）应定期浸油，有以下情况之一者应报废或截除。

(1) 在 1 捻的 1 股中有 3 根及以上线损坏，或在 1 捻中有 6 根以上的线损坏。1 捻示意如图 3-2 所示。

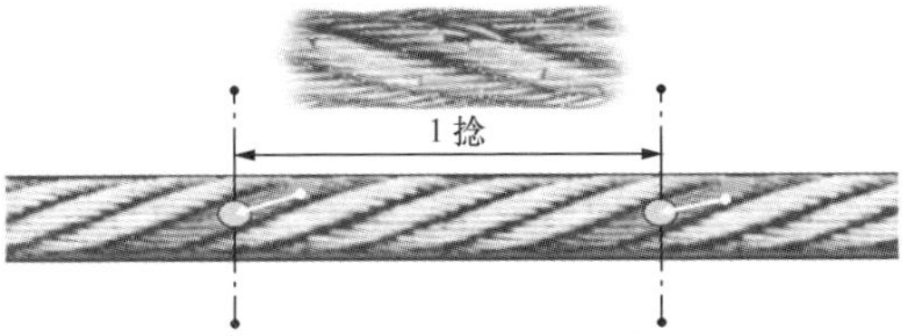

图 3-2 1 捻示意

（2）绳芯损坏或绳股挤、严重扭结或金钩弯折。钢丝绳典型受损示意如图 3-3 所示。

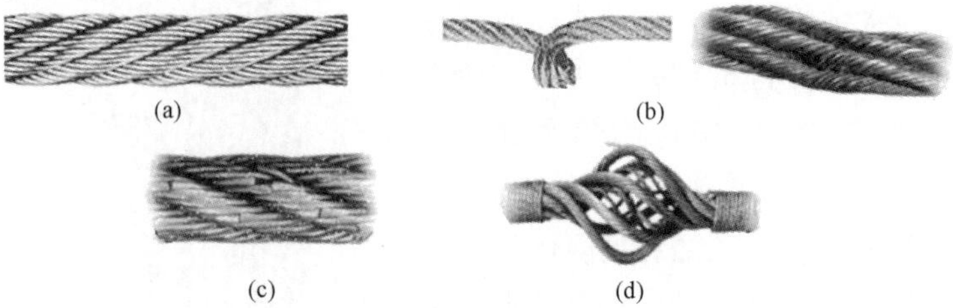

图 3-3　钢丝绳典型受损示意

（a）正常状态；（b）扭曲；（c）损坏；（d）“鸟笼”

（3）压扁严重，断面缩小，实测相对公称直径缩小 10%（防扭钢丝绳的 3%）时，即使未发现断丝也应予以报废。

（4）受过火烧或电灼，化学介质的腐蚀外表出现颜色变化时。

（5）钢丝绳的弹性显著降低，不易弯曲，单丝易折断时。

（6）钢丝绳断丝数量不多，但断丝增加很快者。

（7）插接的环绳或绳套，其插接长度应不小于钢丝绳直径的 15 倍，且不小于 300mm。新插接的钢丝绳套应做 125%允许负荷的抽样试验。

第二节　钢丝绳绳卡

一、钢丝绳绳卡的种类

钢丝绳绳卡是钢丝绳连接的独有器具。常用的有骑马式绳卡、U 形绳卡（压板式）、L 形绳卡（握拳式）等，其中骑马式钢丝绳绳卡是一种连接力较强的标准绳卡，运用比较广泛，由 U 形螺栓、螺母及压板构成，如图 3-4 所示。

图 3-4　骑马式钢丝绳绳卡

二、钢丝绳绳卡使用注意事项

使用钢丝绳绳卡时应注意以下几点。

(1) 绳卡的大小要与钢丝绳的粗细匹配，U 型螺栓的内侧净距，要比钢丝绳直径大 1～3mm，净距太大不易卡紧钢丝绳，容易发生事故。

(2) 安装绳卡时一定要将 U 型螺栓拧紧，直到钢丝绳被压扁 1/3 直径。并在钢丝绳受力后，再将绳卡螺栓拧紧一次，以保证接头牢固可靠。

(3) 钢丝绳端部用绳卡固定连接时，应注意 U 形部位的方向，如图 3-5 所示。绳卡压板应在钢丝绳主要受力的一边，最后一个绳卡距离绳头的长度不得小于 140mm，不得正反交叉设置。若 U 型螺栓与主绳接触，则主绳被压扁后，受力时容易断丝。

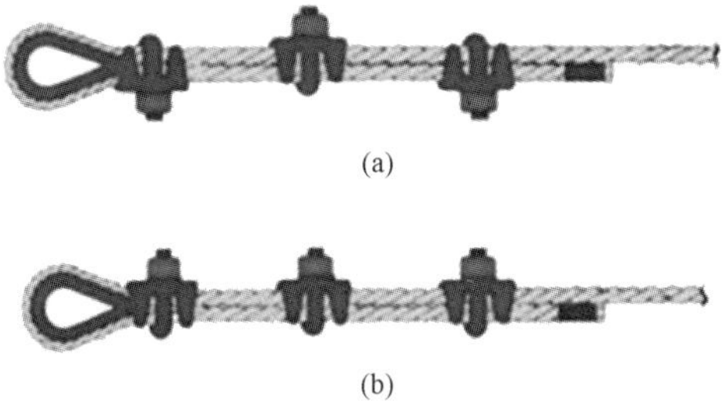

图 3-5　注意 U 形螺栓的方向
(a) 不正确；(b) 正确

(4) 绳卡间距不应小于钢丝绳直径的 6 倍；钢丝绳端部固定绳卡数量要求见表 3-1。

表 3-1　钢丝绳端部固定绳卡数量要求

钢丝绳直径/mm	6～16	17～27	28～37	38～45
绳卡数量 /个	3	4	5	6

(5) 为了便于检查接头是否可靠和发现钢丝绳是否滑动，可在最后一个绳卡后面大于 500mm 处再安一个绳卡，并将绳头放出一个“安全弯”，如图 3-6 所示。这样，当接头的钢丝绳发生滑动时，“安全弯”首先被拉直，这时就可以立即采取处理措施。

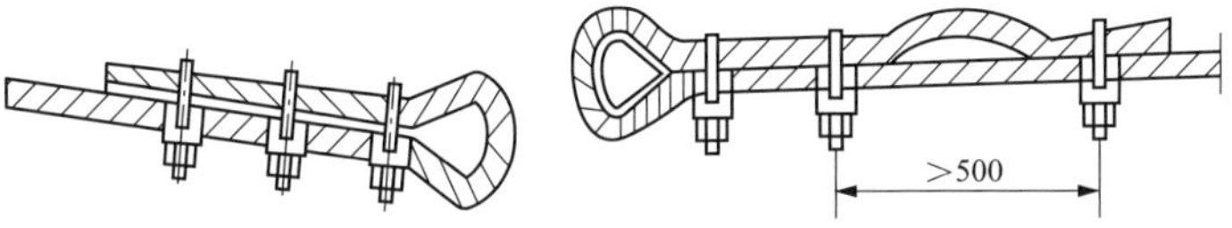

图 3-6　钢丝绳“安全弯”

第三节　卸　扣

卸扣也叫工具 U 型环，是索具的一种。卸扣在起重搬运作业中运用十分广泛。

国内市场上常用的卸扣，按生产标准一般可分为国标、美标、日标 3 类，其中最常用的是美标产品，因为其体积小、承载质量大而被广泛运用。按照型式，可分为弓形（Ω 形）卸扣和 D 型（U 型或直型）卸扣；按照使用场所，可分为船用和陆用两种。

国标卸扣包括一般起重用卸扣、船用卸扣及普通卸扣。国标卸扣的质量、体积较大，一般安装在经常拆卸的位置。

卸扣的常见材质有碳钢、合金钢、不锈钢、高强度钢等。目前较好的卸扣通常都是用合金钢材质制造，改变了过去普通碳钢的历史。卸扣的表面处理一般有镀锌（热镀和电镀）、涂漆及镀达克罗（Dacormet）。

一、国标卸扣

1. 型号

卸扣型号表示方法如下：

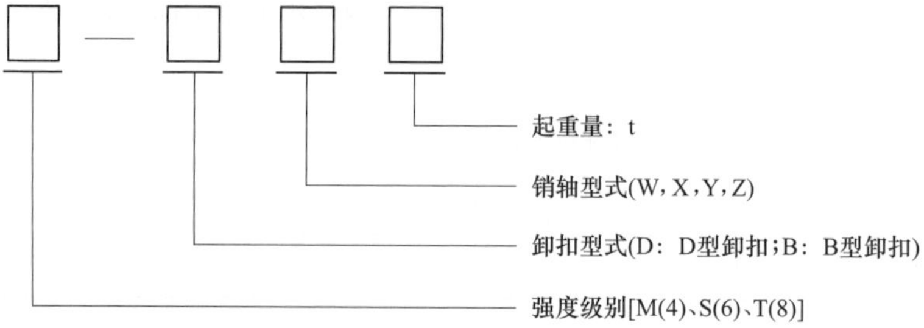

（1）卸扣按其扣体形状分为弓形（Ω 形）卸扣和 D 型卸扣两种型式，分别如图 3-7 和图 3-8 所示。

图 3-7　弓形（Ω 形）卸扣

图 3-8　D 型卸扣

（2）卸扣的轴销型式分为：

1）W 型带环眼和台肩的螺纹轴销。

2）X 型六角头螺栓六角螺母和开口销。

3）Y 型沉头螺栓。

4）Z 型在不削弱卸扣强度的情况下采用的其他型式的销轴。

2. 标识

在扣体不影响强度的部位应锻造出永久清晰的标识，标识应包括以下内容：制造厂标识；强度级别代号即 M4/S6 或 T8；额定起重量 t。

例如：卸扣上刻有 WLL6 1/2T 字样：WLL 表示卸扣的额定卸荷；6 1/2T 表示就是卸扣的额定载荷是 6.5t；

3. 强度等级代号

M(4)、S(6)、T(8) 是卸扣强度等级代号，主要是根据卸扣的加工工艺和组成材料区别，其中 T(8) 性能最好、相对体积较小，而 M(4) 性能最差、体积笨重。

二、额定载荷

所谓额定载荷，就是设备允许的最大载荷。一般这个数值要略低于设计载荷，目的是保证设备运行安全。

市场上常见卸扣规格为 0.33T、0.5T、0.75T、1T、1.5T、2T、3.25T、4.75T、6.5T、8.5T、9.5T、12T、13.5T、17T、25T、35T、55T、85T、120T、150T 等。

三、适用范围及一般要求

卸扣广泛适用于电力、冶金、石油、机械、铁路、化工、港口、矿山、建筑等各行各业。其一般要求如下。

（1）卸扣应光滑平整，不允许有裂纹、锐边、过烧等缺陷。

（2）严禁使用铸铁或铸钢的卸扣。扣体可选用高强度钢锻造，轴销可用棒料锻造。

（3）不应在卸扣上钻孔或焊接修补。扣体和轴销永久变形后，不得进行修复。

（4）使用时，应检查扣体和插销，不得严重磨损、变形和疲劳裂纹。

（5）使用时，不应横向受力，轴销必须插好保险销。

（6）轴销正确装配后，扣体内宽不得明显减少，螺纹连接应良好。

（7）卸扣的使用不得超过规定的安全负荷。

（8）当卸扣有裂纹、塑性变形、螺纹滑牙、轴销和扣体断面磨损达原尺寸 3%～5%时不得使用。

（9）卸扣不应处于吊件的转角处。

（10）轴销不应扣在活动的绳套或索具内。

（11）不应使用普通材料的螺栓取代卸扣轴销。

使用卸扣时一定要严格遵守额定载荷，过度频繁使用和超载使用都是不允许的。连接卸扣时，轴销应拧到底退回半圈，防止轴销被卡死。卸扣的加固方式如图 3-9 所示。

图 3-9　卸扣的加固方式

四、检验及检查

卸扣使用前应认真检查，具体内容如下。

（1）应光滑平整，不得有裂纹、锐边和过烧等缺陷，对可疑区域应采用多种手段进一步复查。

（2）卸扣以 1.25 倍安全负荷作为试验载荷进行试验。轴销不得有永久变形，且在拧松后可自由转动。300t 以上以 1.33 倍安全负荷作为试验载荷进行试验。

（3）卸扣可抽样进行可靠性试验。载荷为二倍试验载荷。卸扣不得出现断裂或使卸扣丧失承载能力的变形。

（4）选用卸扣的安全负荷均以 M(4) 级核准。

（5）在扣体上应标上强度级、安全负荷等标记。

五、报废标准

卸扣的报废标准如下。

（1）扣体和轴销任何一处截面磨损量达原尺寸的 10%以上。

（2）有明显永久变形或轴销不能转动自如。

（3）卸扣任何一处出现裂纹。

（4）卸扣试验后不合格。

（5）卸扣不能闭锁。

第四节　吊　环　螺　母

吊环螺母是同等规格的螺母和螺杆，通过螺纹将螺帽与螺栓或螺杆拧在一起，以便于与其他吊具连接的零件，如图 3-10 所示。吊环螺母应用十分广泛，几乎所有生产制造的机械设备都需配备，如开关柜、电机等均有专用吊环。

图 3-10　吊环螺母

一、螺栓型吊环

螺栓顶部应清晰地标有制造商、强度等级、螺纹规格及批次号等标识。底座可 360°旋转，有些环体可 180°翻转。通过螺栓连接，有些环体可拆卸，方便与其他吊具连接。

螺栓型旋转吊环采用 100 级高强度 CrNiMo 合金钢锻制而成。螺栓型吊环广泛应用于机械设备自身配套及生产运输过程中的吊装、搬运等领域。

二、吊环螺母的使用

吊环螺母的使用注意事项如下。

(1) 吊环螺母的最大起吊质量仅适用于吊环螺母配用 8g 级公差的螺栓（柱），同时螺栓（柱）螺纹长度最小为 $0.8D$，为避免螺母失效，规定螺栓（柱）的抗拉强度不允许超过 $500N/mm^2$。

(2) 不允许有垂直于吊环平面的载荷。

(3) 必须使吊环螺母与支撑面紧密配合，但不准使用工具拧紧。

(4) 采用“双螺母起吊”的方式时，钢丝绳的夹角不应大于 90°；保证两吊环平面在同一个平面内。

第五节　合成纤维吊装带

合成纤维吊装带是一种用于装卸货物时连接起升工具和货物的挠性元件，对温度变化较敏感。合成纤维吊装带由若干股高强度合成纤维组合而成。

一、分类

1. 根据材质

根据材质，合成纤维吊装带可分为尼龙（聚酰胺）绳、涤纶（聚酯）绳、维尼纶绳、丙纶绳（聚丙烯）及芳纶（芳族聚酰胺）绳。

2. 根据形状

根据形状，合成纤维吊装带可分为扁平编织吊装带、环形封装吊装带等。扁平编织吊装带由编织成的带子构成，有的还配有末端件，如图 3-11 所示；环形封装吊装带是指环形环绕承载芯封装在护套里的吊带，如图 3-12 所示。

图 3-11　扁平编织吊装带和扁平环形吊装带

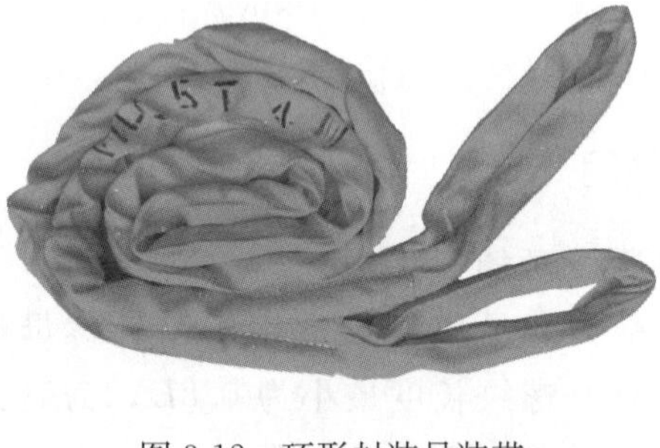

图 3-12　环形封装吊装带

3. 根据吊耳的形式

根据吊耳的形式，合成纤维吊装带可分为带软环的双耳单吊装带、带末端件的双耳吊装带、复式吊装带、多层吊装带及环形吊装带（带子的一端与另一端缝合在一起，或带子本身被编织或环绕成环形而不用缝合的吊带）等。图

3-13 所示为双耳吊装带和环形吊装带。

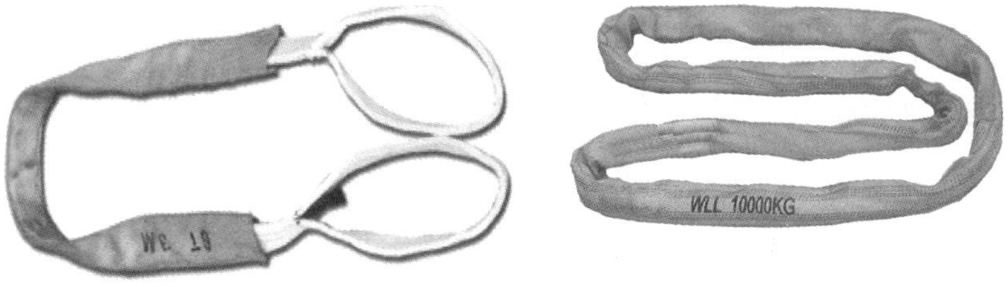

(a)　　(b)

图 3-13　双耳吊装带和环形吊装带

(a) 双耳吊装带；(b) 环形吊装带

二、技术要求

1. 吊装带的材质与编织

吊装带只允许采用连续的纤维丝编织而成，应用无任何缺陷的织物编织而成，在编织过程中所有的线都应由同一种材料制成。吊装带的编织方法应确保带子承受最大有效力时，宽度的减少不超过 10%。吊装带的材料可由聚酰胺、聚酯或聚丙烯等构成，其特性分别如下。

（1）聚酰胺。高韧性，连续多纤维线。

（2）聚酯。高韧性，连续多纤维线。

（3）聚丙烯。高韧性，连续多纤维线，为确保聚丙烯的稳定性，要避免高热温度的影响。

2. 吊装带的技术参数

（1）吊装带破断力。吊装带在检验中能承受试验荷载的最大力，以 10N 表示。

（2）安全系数。破断力与最大有效力的比值，对于扁平吊装带和封装吊装带，规定最小安全系数为 6。

（3）最大有效力（MFU）。基本型吊装带所允许承受的最大作用力，以 10N 为单位，有

$$最大有效力=\frac{吊装带破断力}{吊装带的安全系数}$$

（4）极限工作荷载（WLL）。基本型号吊装带的垂直状态下所允许承受的最大质量，单位为 kg 或 t。单位为 kg 时，极限工作荷载相当于最大有效力的 1.02 倍。

（5）吊装方式系数（M）。由于吊挂方式不同影响承载能力的一种修正系数，用来计算最大安全工作荷载。

（6）最大安全工作荷载（SWL_{max}）。在正常使用条件，即在不考虑可能出现的极端情况（如高温、摩擦、化学作用等）下所允许承受的质量，有

$$SWL_{max}=WLL\times M。$$

式中 SWL_{max}——最大安全工作载荷，t；

WLL——极限工作载荷，t；

M——吊装方式系数。

三、标记

吊装带的材质可用带子本身的外观颜色来识别，如尼龙（聚铣胺）为绿色，聚酯为蓝色，聚丙烯为棕色等。

吊带的标记应包括以下内容：①带子材料；②出厂日期；③制造或供货商；④使用注意事项；⑤最大安全工作荷载；⑥吊装方式系数。

常用吊装方式系数见表 3-2。

表 3-2　　常用吊装方式系数

序号	吊装方式	系数（M）	图　例
1	垂直吊	$M=1.0$	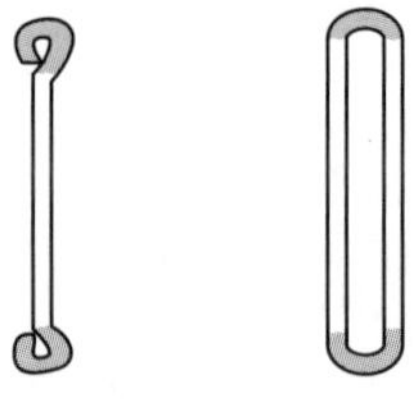
2	穿环吊	$M=0.8$	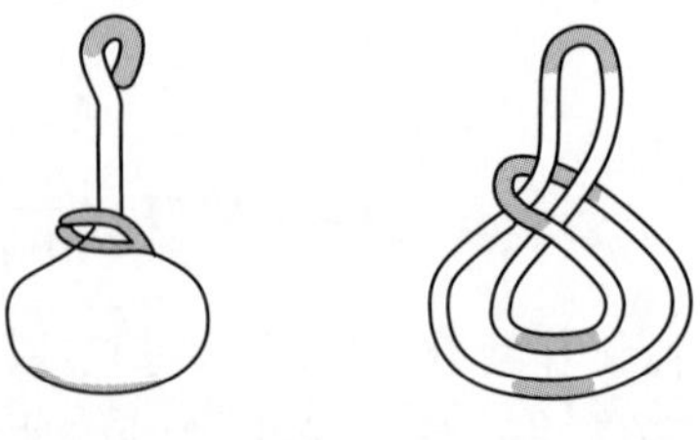

续表

序号	吊装方式	系数（M）	图 例
3	平行吊	$M=2.0$	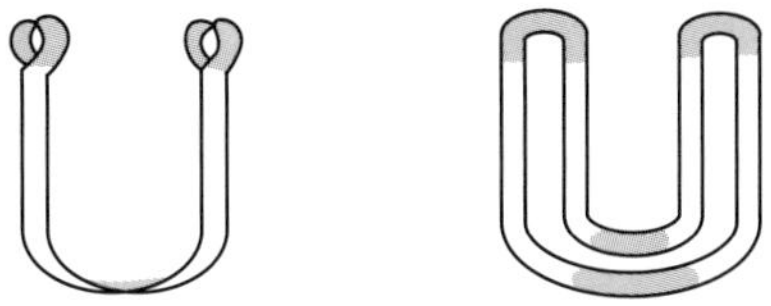
4	45°角吊	$M=1.8$	
5	90°角吊	$M=1.4$	
6	120°角吊	$M=1.0$	

续表

序号	吊装方式	系数（M）	图　例
7	2分支吊	$M=1.4$	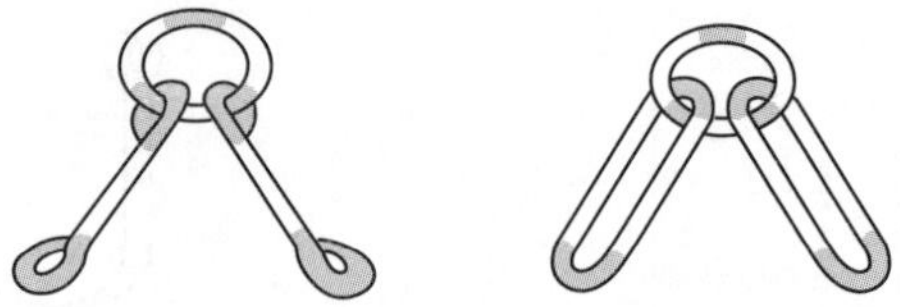
8	4分支吊	$M=2.0$	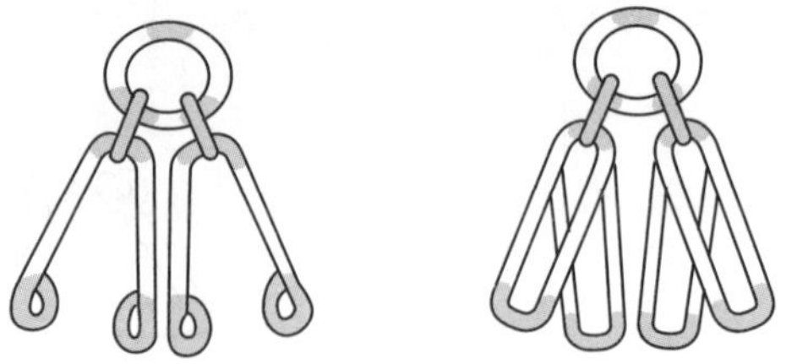

四、安全使用要求

表面损坏是吊装带强度降低的一个重要因素，特别是与全新的吊装带相比。当吊装带表面磨损后，其承载力将急剧下降，因此，吊装带应在避光和无紫外线辐射的环境中存放。

吊装带在使用过程中，有下列情况之一时，应予以报废。织带（含保护套）严重磨损、穿孔、切口、撕断。吊装带纤维软化、老化、弹性变小、强度减弱。纤维表面粗糙易于剥落。吊装带出现死结。吊装带表面有过多的点状疏松、腐蚀、酸碱烧损以及热熔化或烧焦。带有红色警戒线的吊装带出现警戒线裸露。

使用前应对吊装带进行检查，吊装带不应拖拉、打结使用，有载荷时不应转动货物使吊带扭绞。吊装带还应满足以下安全使用需求：

（1）在焊接工作附近使用吊装带要采取保护措施，以免焊接产生的火花和热辐射损及吊装带。

（2）对粗糙或具有尖锐棱角的载荷，需对吊装带要进行保护。

（3）吊装圆带及吊装扁带不能打结，也不能够彼此绑在一起。因吊装带易被锐物损伤，且不耐高温，在钢筋密集区域或焊接作业附近区域，建议使用钢丝绳进行吊装作业。

（4）不要将未经固定的吊装圆带或吊装扁带直接钩挂在吊车的钩子上，以免荷载物重心发生变化引起吊装圆带或吊装扁带打滑而掉落。

（5）吊装带不能叠压，应将多条起重圆带或起重扁带分散到数个吊钩上。

（6）吊装圆带是唯一一种可以松开缠绕在吊车钩子上的吊挂装置，这样做的先决条件是各条吊装圆带没有重叠在一起，而且吊钩有足够的使用空间。

五、吊装带的检查

应对吊装带的全长进行表面检查，检查吊装带的表面是否有纵向、横向擦破或割断，边缘、软环及末端件是否有损坏。

（1）织物表面擦伤的后果是不同的，但一般情况下都会造成强度降低。任何地方的大面积擦伤，尤其是局部擦伤，或被尖角物体划伤，将造成明显的全面损坏，从而造成吊装带强度降低。

（2）化学腐蚀将明显导致吊装带局部削弱或带子材料软化，致使表面纤维脱落或擦掉，典型的情况甚至可能掉下粉末。

（3）缝合处不允许变质。

（4）割断，尤其是带子边缘割断将导致强度严重降低，这种损坏的吊装带应立即停止使用。

第六节　手动葫芦

手动葫芦是一种操作简单、应用普遍、携带方便的起重机械设备，可用于工业生产、建筑行业等的设备安装、货品起吊、装卸搬运等，特别适用于无开关电源的场所。

一、分类

手动葫芦种类繁多，根据传动方式可分为链条葫芦、手扳葫芦等，如图 3-14 所示；根据链条数量又可分为单链条葫芦和双链条葫芦。

二、生产工艺

随着起重吨位的提高，对于葫芦的韧性和性能要求也随之增高。需要采用先进的生产工艺，降低物质和劳动消耗，从而降低制造成本。以 100t 的 HSZ 型手动葫芦为例，所采用的先进工艺主要有自动化机械制链工艺和精锻工艺。

1. 自动化机械制链工艺

采用了 100 级高强度链条，其性能指标和质量要求是手工编制和焊接操作

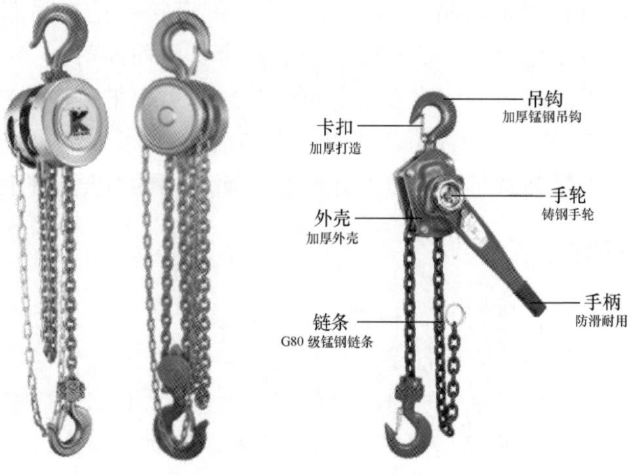

(a) (b)

图 3-14 手动葫芦组成部件

(a) 链条葫芦；(b) 手扳葫芦

所不能达到的，因此，必须用现代化的机械设备和制链工艺，取代人工编焊、砂轮打磨的落后工艺。

2. 精锻工艺

新系列手动葫芦的吊钩、上下钩架、横梁等采用了精锻工艺，该工艺是实现少无切削、提升材料利用率、提高劳动生产率的重要途径之一。

三、使用

手动葫芦使用前，应认真检查以下内容。

(1) 检查吊钩及封口部件、链条应良好，转动装置及刹车装置应可靠，转动灵活正常且良好。

(2) 起重用链环等部件出现裂纹、明显变形或严重磨损时应予报废。

(3) 刹车片不应沾染油脂和石棉。

(4) 起重链不得扭绞，并不得拆成单股使用；使用中如发生卡链，应将受力部位封固后方可进行检修。

(5) 手拉链或者扳手的拉动方向应与链槽方向一致，不得斜拉硬扳，不得强行超载使用。

(6) 带负荷停留较长时间或过夜时，应将手拉链条或扳手绑扎在起重链上，并采取保险措施。

(7) 悬挂链条葫芦的架梁或建筑物，应经过计算确保合格，否则不得悬挂。

禁止用链条葫芦长时间悬吊重物。

（8）两台及两台以上链条葫芦起吊同一重物时，重物的质量应不大于每台链条葫芦的允许起重量。

（9）操作人员严禁站在葫芦正下方，严禁站在重物上面操作，严禁将重物吊起后停留在空中而离开现场，起吊过程中严禁任何人在重物下行走或停留。

（10）在起吊全过程中，不管重物升高或降低，拽动手动链条时，用力应均匀缓和，不可用力过猛，以防手动链条颤动或卡环。作业者如发觉手动拉力超过正常拉力时，应先停用。

第四章

变电施工现场主要吊装机械

第一节 汽车起重机

汽车起重机（简称汽车吊或吊车）的起吊、回转、变幅和支撑腿等机构装置在汽车起重机的底盘上。它具有转移工作地点迅速、支腿固定简便、吊重效率较高的特点，特别适用于变电施工的吊装作业。

汽车起重机有机械传动和液压传动两种。目前广泛使用的汽车起重机多为液压传动。

一、全液压汽车起重机的性能及主要结构特点

1. 性能

全液压汽车起重机全部采用液压传动来完成起吊、回转、变幅、吊臂伸缩及支腿收放等动作。它操作较灵活，起吊平稳，同时主臂可带载荷调节长度，因而增加了起重工作的适用范围。

2. 主要结构特点

由于起重机制造厂家的不同和起重机起重量的不同，不同型号起重机的结构会略有差异。由于技术改进，即便是同一厂家同一型号产品也会随着制造时间的不同存在区别，但主要结构有许多共同的特点。

（1）吊臂、支腿等主要构件均采用高强钢制造，吊臂采用大圆弧多边形结构，自重较轻，结构坚固，吊重较大。

（2）主臂采用多节套装伸缩形式，伸缩转换可自动控制，伸缩平稳，操作方便。

（3）液压系统采用国内外先进技术，具有压力反馈功能，元件使用可靠。

（4）当具有主副提升机构时，一般能同时独立操作，可提高起重机的工作效率。

（5）回转机构具有缓冲制动和可控的自有转动功能，减轻了回转制动时的冲击，改善了转台、吊臂等的受力状况。

（6）安装有较完善的安全保护装置，可确保操作安全可靠。

（7）一般起重机有 4 个支腿，适宜在后方及侧方作业，工作区不小于 240°。有的起重机装有第 5 支腿，可实现 360°全方位作业。

二、全液压汽车起重机的使用条件

各种型号起重机在其产品说明书中都给出了起重机使用条件的提示，起重机司机必须熟知并按其提示执行。提示的主要内容如下。

（1）起重机给定的额定起重量必须是在停机位置地面坚实、整机处于调平状态、支腿处于全伸出状态的情况下测算的。起重作业前，必须完全支好支腿，并按规定设置配重。

（2）起重机的额定起重量均包括了相应的主钩及副钩质量，因此被吊物质量应减去主钩或副钩或主副钩合计的质量。

（3）工作幅度是已包括吊臂的变形量在内的实际值。

三、汽车起重机的操作安全要求

汽车起重机的操作安全要求应符合相关规定，具体如下。

（1）作业场地应坚实平整。如遇松软地基或起伏不平的地面，各支腿处应铺垫适宜的垫块，支腿应与沟渠、基坑保持安全距离。在确认安全后方可开展作业。

（2）起重机启动前各检查项目应符合要求。

（3）起重机启动前，应将各操作杆放在空挡位置，手制动器应锁死，并应按照有关规定启动内燃机。启动后，应慢速运转，检查各仪表指示值，运转正常后接合液压泵，待压力及油温达到规定值后方可开始作业。

（4）作业前，应全部伸出支腿，并在撑脚板下垫枕木，调整机体使回转支撑面的水平度在无载荷时水准泡居中。支腿有定位销的必须插上。

（5）作业中严禁扳动支腿操作杆。调整支腿应在无载荷时进行，并将起重臂转至正前方后方可再进行调整。

（6）应根据所吊重物的质量和提升高度，调整起重臂长度和仰角，并应估计吊索和重物本身的高度，留出适当起吊空间。

（7）起重臂伸缩时，应按规定程序进行，在伸臂的同时应相应下降吊钩。当限制器发出警报时，应立即停止伸臂。起重臂缩回时，仰角不宜太小。

（8）起重臂伸出后，出现前节臂杆的长度大于后节伸出长度时，必须进行调整。消除不正常情况后方可作业。

（9）起重臂伸出后，或主副臂全部伸出后，变幅时不得小于规定的各长度所对应的仰角。

（10）汽车起重机起吊作业时，汽车驾驶室内不得有人，重物不得超越驾驶室上方，且不得在车的前方起吊。

（11）作业中发现起重机倾斜、支腿不稳等异常现象时，应立即使重物下降，落在安全的地方，下降中严禁制动。

（12）重物在空中需要较长时间停留时，应将起升卷筒制动锁住，操作人员不得离开操纵室。

（13）起重机带载回转时，操作应平稳，避免急剧回转或停止，换向应在停稳后进行。

（14）作业后，应将起重臂全部缩回放在支架上，再收回支腿。吊钩应用专用钢丝绳挂牢。应将车架尾部两撑杆分别撑在尾部下方的支座内，并用螺母固定。应将阻止机身旋转的销式制动器插入销孔，并将取力器操作手柄放在脱开位置，最后应锁住起重操作室门。

（15）对起重机的关键部件，要定期检查是否有裂缝、变形以及连接螺栓的紧固情况。有任何不良情况都不应继续使用。

第二节 履带起重机

履带起重机有机械、液压、电动三种。目前使用较多的是液压式履带起重机。

一、液压式履带起重机

1. 结构

液压式履带起重机简称履带吊，它由底盘、各种机构、卷扬机、滑车组、臂架、液压、电气及动力系统、平衡配重、履带及安全装置等组成。

（1）机构。包括主、副臂提升、变幅、回转及行走机构、提升机构为双速，可实现两种起升速度。变幅机构可改变起重臂角度，实现不同的起重工作幅度。回转机构通过小齿轮带动回转支撑实现 360°全回转。行走机构由两套完全独立的电动机和减速机组成，可实现直线步进、后退、原地转向及单履带转向。

（2）臂架。也称起重臂或吊臂，用高强度钢管组成四方形构架，具有多种吊臂配置，包括主臂、副臂、塔臂。不同起重量的起重机，其臂长组配方式不同。

（3）系统。起重机系统包括液压、电气及动力系统。液压系统由主泵、控制阀、电动机、液压油箱等组成。电气系统采用 PLC 智能化控制，操作准确，具有故障检测及诊断功能。动力系统由发动机等组成，为机构操作提供动力。

（4）安全防护装置。包括液压系统的各溢流阀、钢丝绳过放保护机构、高度限位装置、工作臂极限位置报警系统、变幅卷扬棘轮自锁装置及吊钩防脱钩装置等。

（5）操作室。由全钢和钢化玻璃组成。内配各机构各系统的电控手柄、力矩限制器及数字式液晶显示仪等。

（6）其他配置。除上述各装置外，还根据不同起重量配置有吊重不等的吊钩、平衡重、滑车组，还配置有不同宽度、长度的履带，以满足不同吊重的需要。

2. 特点

（1）优点。

1）高适应性。接地比压较小，可适应恶劣地面；转弯半径小，可原地转弯，能用于较窄小的场所。

2）高效率。吊重作业不需要打支腿，而且可带负荷行驶，能实现快速吊装作业和转移，提高作业效率。

3）作业范围较广。吊臂长度长，起升高度及起重力矩大，可360°全方位作业，作业半径大。

（2）缺点。

1）液压式履带起重机的履带间距较小，稳定性较差，因此，应严格执行操作规定，不得超负载、超力矩起吊。

2）由于起重机空载时的重心偏向平衡配重，在平衡配重一侧履带对地面的局部压强会超过满载时的局部压强，因此，空载行走时的履带可能对路面损伤较大，不适宜在公路上行走。

二、操作安全要求

履带式起重机的操作安全要求应符合相关规定，具体如下。

（1）驾驶员必须熟悉起重机的技术性能。启动发动机前必须按规定进行各项检查和保养，应将主离合器分离，各操纵杆应放在空挡位置。发动机启动后，应检查各仪表指示值和发动机工作情况，确认正常后再操纵主离合器进行空载试运转，以检查各机构工作是否正常，特别是制动器是否可靠。

（2）起重机作业范围内不得有影响作业的障碍物。作业时起重臂下方不得有人停留或通过。严禁用起重机载运人员。

（3）满载起吊时，起重机必须置于坚实的地面上，先将重物吊离地面100mm，检查并确认起重机的稳定性、制动器的可靠性和绑扎的牢固性后，才能继续起吊。起吊时动作要平稳。

(4) 不得随意调整和拆除起重机的变幅指示器、力矩限制器和行程开关等安全保护装置；严禁用限位装置代替操纵。起重臂最大仰角不得超过铭牌规定。

(5) 起重机变幅应缓慢平稳，严禁在起重臂未停稳前变换挡位。

(6) 起重机必须按规定的起重性能作业。不得起吊质量不明的物体，严禁用起重钩歪拉斜吊。一般不得超载，特殊情况下需超载吊装时，必须进行整机稳定性验算、起重臂强度验算并采取可靠的技术措施，作业必须进行试吊。

(7) 起重机工作完毕后，应将起重机的发动机开关关闭，操纵杆推至空挡位置，制动杆推上制动位置。起重臂应转至顺风方向。冬季应将水箱、水套中的水放尽，水门打开。

(8) 起重机负载行走时，载荷不得超过额定起重量的70%，路面应坚实平整，重物应在起重机正前方，重物离地面不得大于500mm。起重臂应与履带平行，重物应拴控制摆动的拉绳。行走转弯时不可过急，路面凹凸不平处不得转弯。不宜长距离带载行驶。

(9) 起重机在坡道上应无载行驶，上坡时应将起重臂的仰角适当放小，下坡时将起重臂仰角适当放大，以平衡起重机的重心。严禁下坡时空挡滑行。在坡道上严禁带载回转。

(10) 如遇大风、大雪、大雨或大雾时，应停止起重作业，并将起重臂转至顺风方向。

第五章

起重吊运常用绳结编绕方法

绳结技术又称为结绳方法，是变电施工现场施工人员必须掌握的基本技能之一，是指通过打结使绳索之间、绳索与吊物之间相互连接的方法。

绳索是设备吊装过程中的最重要技术装备之一，绳索只有通过与施工人员身体或其他物体相互联系和固定时，才能起到辅助设备稳定和保证安全的作用。当运用绳结技术将施工人员与绳索联系在一起时，无论什么样的绳结，都必须结实、易解、易调、不易滑脱，否则将直接影响施工人员技术水平的发挥，从而危及设备吊装安全。绳结技术是否运用得当，直接影响绳索使用的质量及效果，因此，每一名施工人员都应熟练掌握常用绳结编绕技术。

本章就绳结中常用绳结编绕方法及编绕过程配图加以详细说明。只要活学活用所列举的绳结，即可应对施工现场及户外活动的任何状况。先从哪个绳结开始学起并没有一定的先后顺序，但希望大家能将基本结法及其变化都学习并掌握。

根据绳结的用途，常用绳结可分为基本绳结、固定绳结、接绳绳结、保护操作绳结等。

第一节 基本绳结

一、双套结

双套结的历史相当悠久，不仅在施工现场，在海上、露营、登山等户外场所都有户外人士所爱用的绳结。双套结的目的是将绳索卷绕在其他物品上，金属等易滑物品也相当适用。双套结的系法和拆解都很容易，它的特征是具备极高的安全性；而且双套结的系法可以因情况不同分开使用，就这点而言，它是个非常实用的绳结，不过，如果只在绳索的一端使力的话，双套结的结目可能会乱掉或松开；为了避免这个缺点，双套结通常应用在两端施力均等的物品上。

双套结的系法有很多，下面介绍 3 种最具代表性的系法。

1. 双套结系法 1

双套结系法 1 如图 5-1 所示。

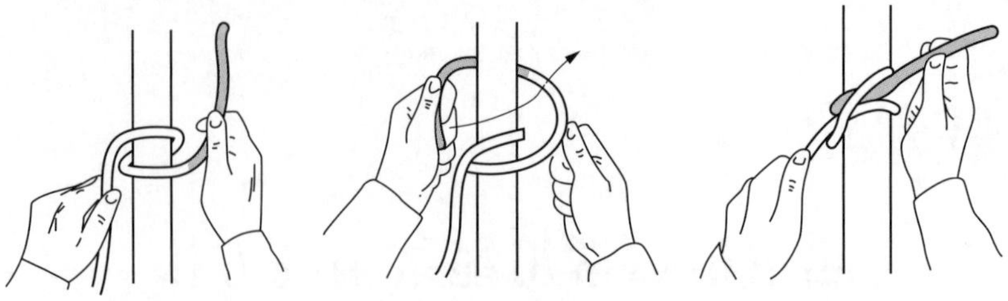

图 5-1　双套结系法 1

先将绳子在物件上缠绕一圈，再拿着绳头又围绕物件同向旋转一圈，然后，将绳头穿过之前的第二个绳圈，最后，整理收紧绳结即可。

2. 双套结系法 2

双套结系法 2 如图 5-2 所示。

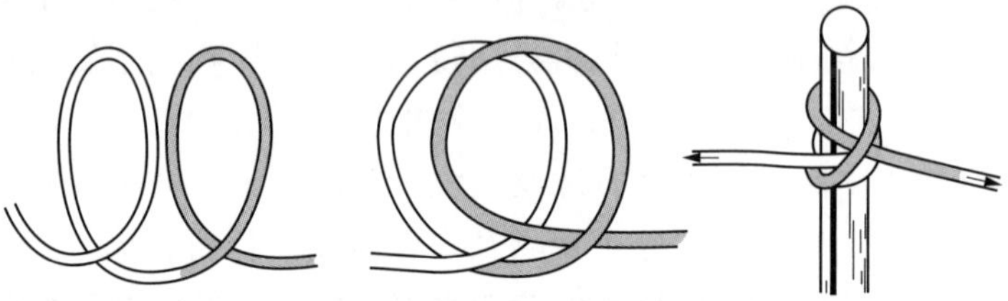

图 5-2　双套结系法 2

在绳子中间任意位置绕成两个一正一反的绳圈，再使两根主绳置于内侧，然后，将两个叠放在一起的绳圈套入物件中，最后，整理收紧绳结即可。

3. 双套结系法 3

双套结系法 3 如图 5-3 所示。

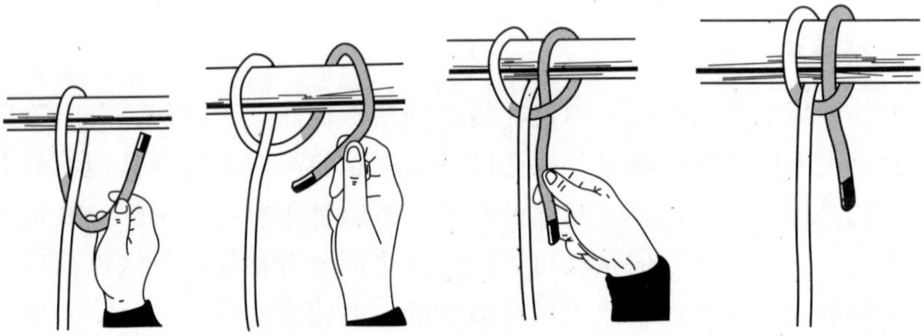

图 5-3　双套结系法 3

先将绳子在物件上缠绕一圈，再拿着绳头又围绕物件同向旋转一圈，然后，将绳头穿过之前的第二个绳圈，最后，整理收紧绳结即可。

二、拖车结

拖车结的主绳紧紧压在尾绳上，十分牢固可靠。顾名思义，拖车结可运用于拖车、拖拉物件等，尾绳挣脱后整个绳结就散开，宜结宜解。

拖车结的系法如图 5-4 所示。

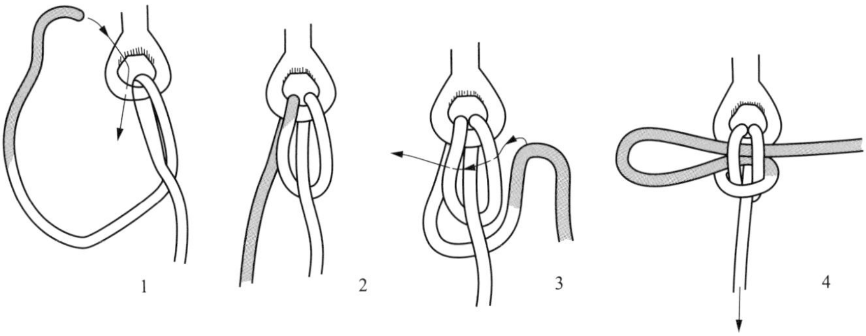

图 5-4　拖车结的系法

先将绳头由下往上穿过带拖动物件的连接孔，再将绳头从主绳下方钻过，然后，将绳头由上往下从连接孔穿过，将双折后的绳头分别穿过主绳两侧的绳圈，最后，整理收紧绳结即可。

第二节　固 定 绳 结

一、布角结

布角结多用于帐篷、毡房、营房等四角固定，在户外露营、灾后抢险等场合运用较为广泛。布角结的绳结能在地锚上稍微移动，还可以随时调校绳索的松紧度。

布角结的系法如图 5-5 所示。

先将绳子对折，再揪起帐篷布角用对折的绳子将除两端外的中间部分包在其中，再拿起绳头在布角上缠绕多圈，然后，将对折的绳头穿入绳圈，最后，整理收紧绳结即可。

二、十字压扣结

十字压扣结是一个死结，受力后的绳圈被绳结将头绳、尾绳隔开，互不干扰，从而保证了绳结的安全性。运用时，建议将尾绳反折回来，这样便于拆解绳索。

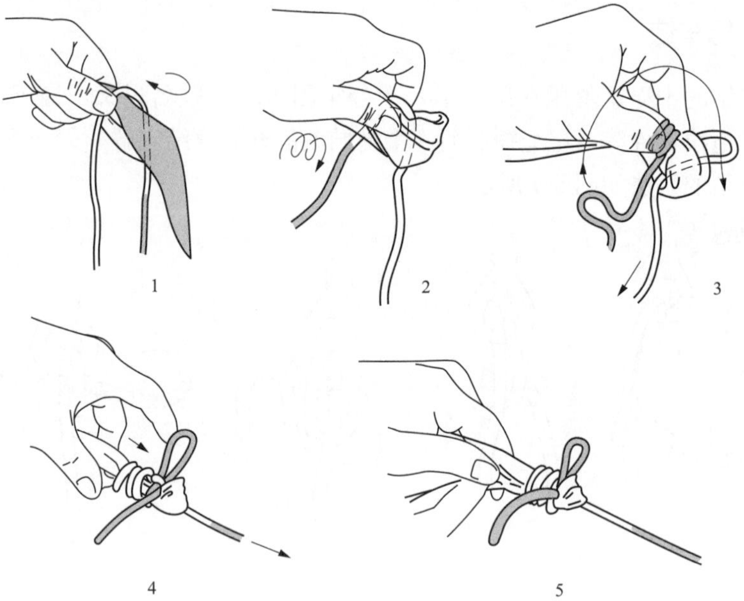

图 5-5　布角结的系法

十字压扣结的系法如图 5-6 所示。

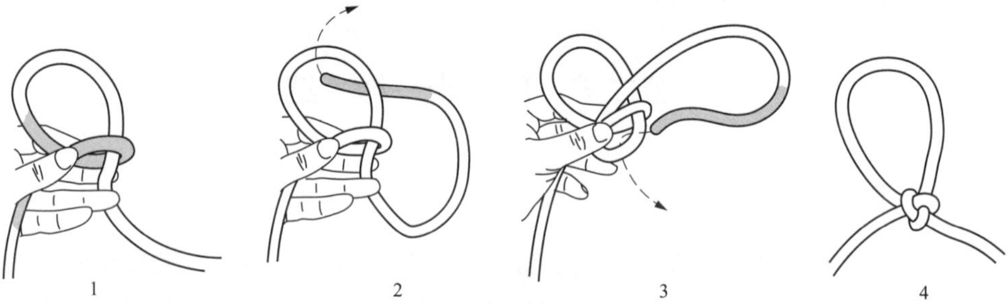

图 5-6　十字压扣结的系法

先将主绳和绳头相互交叉，把主绳围绕绳头反折回主绳侧，形成第一个绳圈，然后拿起绳头穿过第二个绳圈，最后整理收紧绳结即可。

三、双 8 字结

8 字结打好后会呈现“8”的形状。在意大利，人们也把 8 字结称为皇室结，因为结形正是意大利皇室家族徽章的模样。此外，也有人把 8 字结称为爱之结，用来象征诚实的爱与不变的友情。

8 字结的主要作用是固定防滑，尤其对靠海为生的人而言，八字结的作用更是举足轻重。在山林天地里，8 字结的升级版，即双 8 字结的用途更广泛，不论是做绳圈还是连系绳缆，双 8 字结的效果均相当非凡。

双 8 字结具备耐力强、牢固等优点，在安全方面非常值得信赖，经常被登山人士作为救命绳结使用，户外生活也少不了它。双 8 字结可以作为一条绳索上的一个临时中止、制动点，该绳结即使两端拉得很紧，依然可以轻松解开。但双 8 字结的绳圈大小很难调整，而且当负荷过重，结目被拉得很紧，或是绳索沾到水时，想要解开绳结必须花费一番工夫。

双 8 字结的系法如图 5-7 所示。

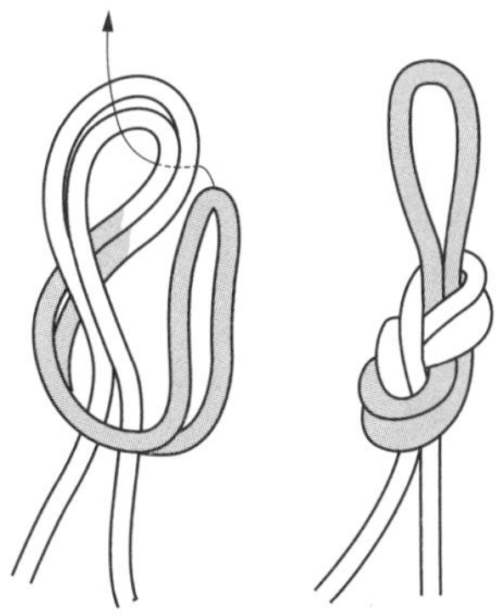

图 5-7 双 8 字结的系法

先将任意位置的绳子对折，再使对折的绳头和主绳相互交叉，形成一个绳圈，然后，拿着对折的绳头绕过双折的主绳，从后面向前穿过绳圈，最后，整理收紧绳结即可。

四、双半结

半扣结十分简单，其功能只是把绳索套绑在柱子或树干上。半扣结的耐力非常低，除了将绳索暂时固定之外，它几乎从不曾单独挑过大梁。然而，以半扣结为基础变化而得的绳结相当多，而且半扣结也可以作为其他绳结完成后防止散脱的保障，其重要性堪称绳结之冠。半扣结的变化结包括双半结、系木结和连钩结等，个个都是户外生活少不了的绳结，可依不同状况分开使用。

半扣结本身虽经不起外力拉扯，但是两个半扣结加起来的威力却非常惊人，那就是双半结。即使把绳索拉到极限，双半结也不会松散，而且可以很容易地解开。利用绳索绑系在物品时，双半结的简易性与结实性堪称所有绳结中的最佳选择，应用范围十分广泛，尤其在露营等野外活动中威力无穷。不过，双半结看似容易，一旦要打时，往往无法立即成功，这是双半结唯一的缺点。

双半结的系法如图 5-8 所示。具体操作过程如下：

先揪着绳头绕物件旋转一周，并与主绳形成上下交叉重叠，再将绳头围绕主绳旋转一周，把绳头从绳圈处穿过，然后，再拿着绳头围绕主绳旋转一周，再把绳头从绳圈处穿过，如此反复，最后，整理收紧绳结即可。

五、系木结

系木结也是在半扣结的基础之上发展而来的，也称为樵夫结、乡人结或立木结。打一个半扣结之后，再把剩下的绳头在绳圈上缠绕两三圈的结就是系木结。顾名思义，系木结适合用来架帐篷，可用于在树上绑吊床或绑晒东西。

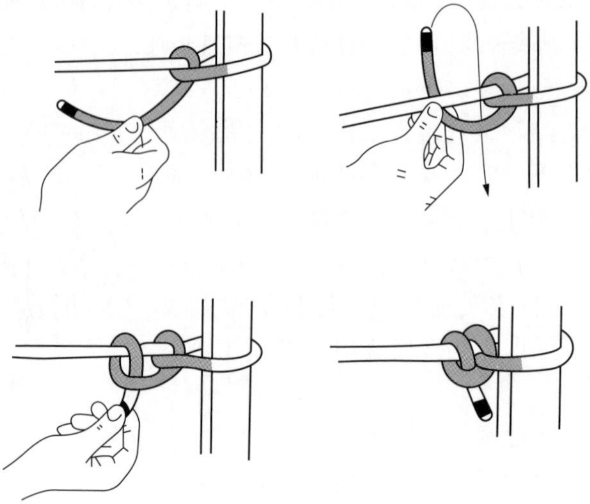

图 5-8　双半结的系法

系木结适合用来搬运细长物体，其优点是简单牢固，即使用力拉扯，也不用担心结会散开。但系木结并不是一个十全十美的绳结，所以在需要考虑到安全性的物品上，系木结不是很好的选择。应用系木结时，可以在完成后再加一个半扣结加强保障。

系木结的系法如图 5-9 所示。

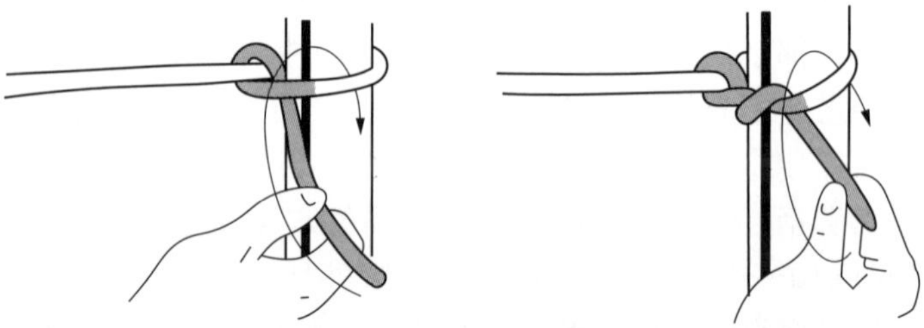

图 5-9　系木结的系法

先揪着绳头绕物件旋转一周，并与主绳形成上下交叉重叠，将绳头围绕主绳旋转一周，把绳头从绳圈处穿过，然后，再拿着绳头在尾绳上缠绕多圈，最后，整理收紧绳结即可。

第三节　接　绳　绳　结

接绳绳结（简称接绳结）是将一根不够长的绳子接在另一根绳子上。接绳结的最大特征是打法简单迅速，而且即使是不同质材不同粗细的绳索也可以利用接绳结来连接，接绳结安全可靠程度相当高。不论拉得多么紧，接绳线结的拆解均十分容易，运用十分广泛。

一、十字对接绳结

十字对接绳结的系法如图 5-10 所示。

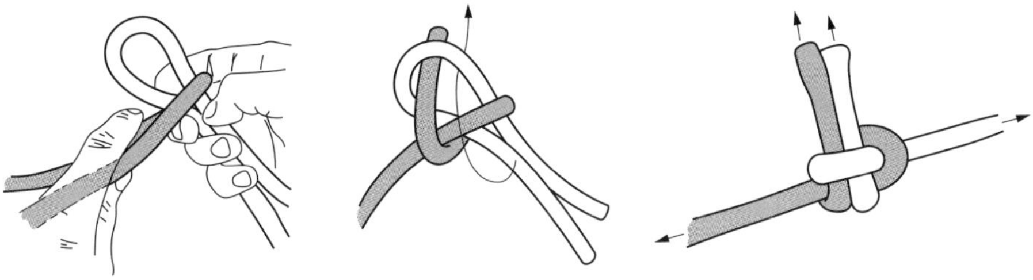

图 5-10　十字对接绳结的系法

先将待对接的两根绳子分别对折，将第一根对折后的绳子开口圆环，穿过第二根对折后绳子开口圆环，再分别将两根绳子的绳头绕主绳旋转一周，然后，都穿过第一根对折后的绳子开口圆环，最后，整理收紧绳结即可。

二、UT 对接绳结

UT 对接绳结的系法如图 5-11 所示。

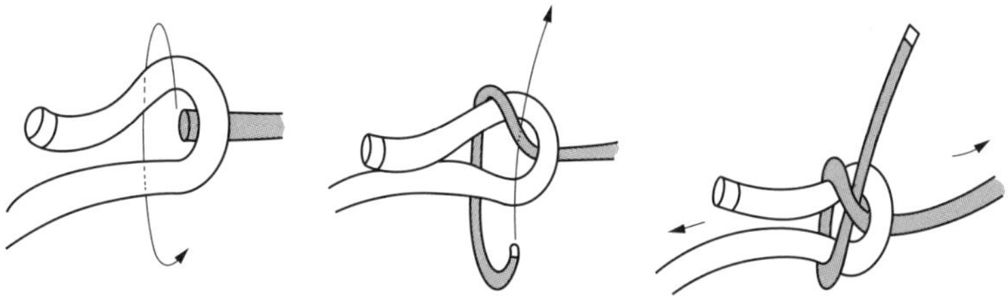

图 5-11　UT 对接绳结的系法

先将待对接的两根绳子中的某一根对折，揪着第二根待对接绳子的绳头，从第一根对折后形成的开口绳圈处穿过，再揪着第二根绳头在第二根绳子尾绳内侧，绕第一根对折后的主绳一周，然后，将第二根绳子绳头从第二根尾绳绳圈穿出，最后，整理收紧绳结即可。

三、双重接绳结

双重接绳结的耐力是普通接绳结的两倍。如果在打结时将绳索多绕一圈，可以加强绳索的耐力与安全性。注意编绕前要在末端预留缠绕的空间。

双重接绳结的系法如图 5-12 所示。

图 5-12 双重接绳结的系法

先将待对接的两根绳子中的某一根对折，揪着第二根待对接绳子的绳头，从第一根对折后形成的开口绳圈处穿过，再揪着第二根绳头在第二根绳子尾绳内侧，绕第一根对折后的主绳至少 2 圈，然后，将第二根绳子绳头从第二根尾绳绳圈穿出，最后，整理收紧绳结即可。

第四节 保护操作绳结

一、双称人结

双称人结变化多端、宜结宜解、安全性高，被称为绳结之王，是世界上运用最为广泛的绳结之一。

双称人结的系法如图 5-13 所示。

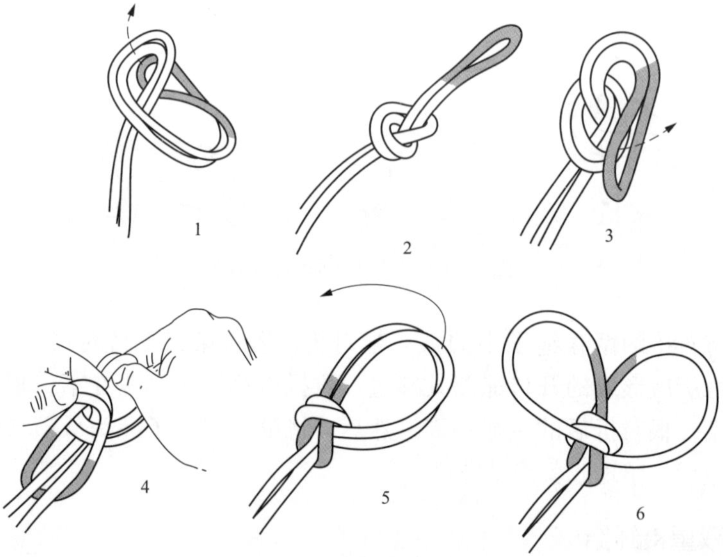

图 5-13 双称人结的系法

将一段绳子在任意位置双折，再揪着绳头从尾绳与主绳交叉形成的绳圈中穿过，然后，揪着交叉的尾绳从绳头绳圈处穿出，最后，整理收紧绳结即可。

二、收绳（线）绳结

收绳（线）绳结主要运用于工作结束后收整绳索，既有利于绳索收纳，又有利于下次使用时能顺劲不扭绞地高效展开绳索。

收绳（线）绳结的系法如图 5-14 所示。

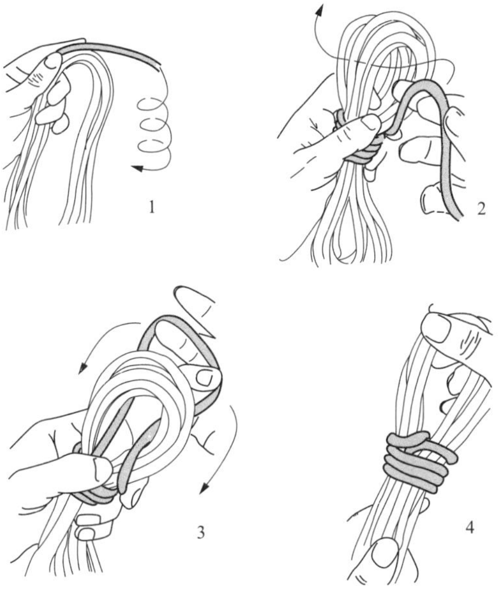

图 5-14 收绳（线）绳结的系法

先揪着绳头围着主绳缠绕多圈，并在主绳上形成第一个绳圈，再将对折的绳头从主绳第一个绳圈处穿出，且形成第二个绳圈，然后，将第二个绳圈反向套入第一个绳圈，最后，整理收紧绳结即可。

第五节 其他绳结

一、拖拉结

拖拉结安全可靠，主要运用于设备牵引场所，但运用时要防止绳索直接在地上摩擦使绳索受损。

拖拉结的系法如图 5-15 所示。

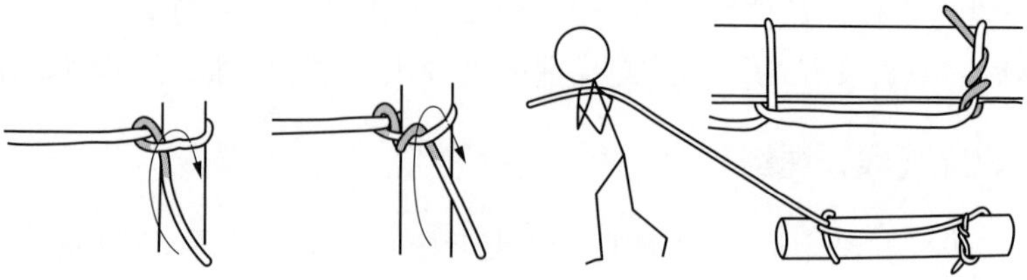

图 5-15　拖拉结的系法

先将绳头和主绳交叉形成的绳圈，又把主绳朝拖动的方向，套入待拖动的物件，再揪着绳头绕物件旋转一周，并与主绳形成上下交叉重叠，然后，将绳头围绕主绳旋转一周，把绳头从绳圈处穿过，又拿着绳头在尾绳上缠绕多圈，最后，整理收紧绳结即可。

二、提瓶结

提瓶结系法简单、布置均匀，可运用于本体上没有吊点，且底部较薄弱的设备。使用提瓶结时，若主吊绳长短不一需重新调整，则较为耗时。

提瓶结的系法如图 5-16 所示。

图 5-16　提瓶结的系法

先将一段绳子对接形成一个闭合绳圈。揪起绳圈任意位置交叉形成一大一小两个绳圈，把花瓶压在绳圈交叉处，再揪起大绳圈从小绳圈处穿出后，反向翻越花瓶，此时，在花瓶左右两侧分别形成一里一外两段绳子，然后，分别将外侧的绳子从内侧绳子的下方穿过，最后整理收紧绳结即可。

三、背牵结

背牵结是利用绳索的中间部位作为编绕绳圈的绳结，它原本是用来驯服野马的道具，如今则多用于露营活动等场合，可以用来吊装一些小东西。

在使用绳索拉重物时，人们常用此结作成好几个绳圈，然后再把绳圈套在手腕或肩膀上作业；因此背牵结又称为人力结。另外，古时候军队移动拖引大炮时，也是利用背牵结达到目的的，所以它也被叫作炮兵结。

背牵结的系法如图 5-17 所示。

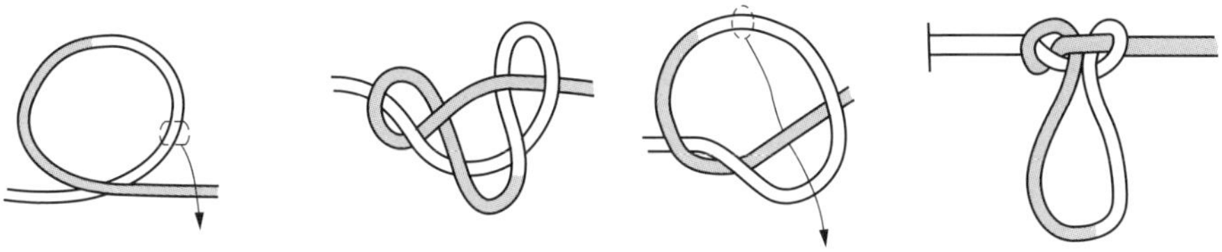

图 5-17　背牵结

先将一段绳子的任意位置主绳和尾绳交叉并形成一个绳圈，再揪起第一个半绳圈压在尾绳上，然后，揪起第二个半绳圈，从被压着的尾绳下方穿过，并从第一个半绳圈的上面穿出，最后，整理收紧绳结即可。

四、杠杆结

杠杆结是将绳索绑在锚桩上的绳结，它和双半结、系木结等绳结一样，可以用在锚桩之间连起绳索，或在搭帐篷时绑帐篷绳用。杠杆结的缺点是在 没有用力拉紧时有自动松开的危险。

杠杆结的系法如图 5-18 所示。

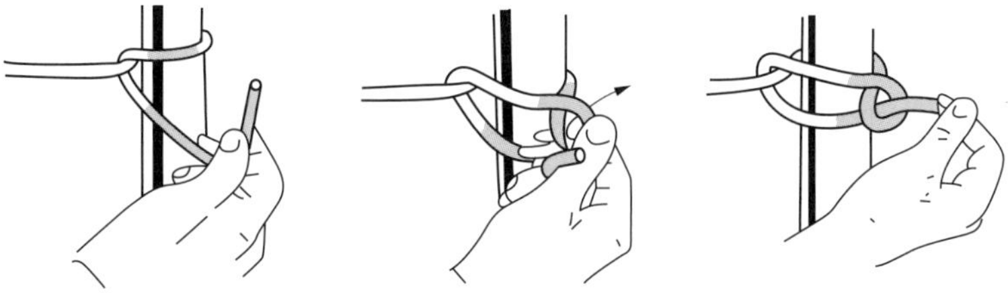

图 5-18　杠杆结的系法

先揪着一段绳子绳头绕物件一周，再揪着绳头绕主绳一周，然后，将绕在物件上的尾绳绳圈约 180°处，揪着尾绳绳圈形成一个绳圈，最后，将绕在主绳上反折回来的绳头从此绳圈处穿出，整理收紧绳结即可。

第六章

起重机吊运指挥信号

为确保起重吊运工作顺利安全进行，防止发生事故，适应科学管理的需要，专门制定了起重机吊运指挥信号。目前，在用的中华人民共和国国家标准是《起重机　手势信号》(GB/T 5082—2019)，该标准由中国机械工业联合会提出，2019 年 12 月 10 日由国家市场监督管理总局、国家标准化管理委员会联合发布，并于 2020 年 07 月 01 日正式实施。

GB/T 5082—2019 规定了现场指挥人员用于起重机吊运的有关安全技术和操作的手势信号，所规定的指挥信号是各类起重机使用的基本信号。如不能满足需要，使用单位可根据具体情况，适当增补，但增补的信号不得与标准有抵触。GB/T 5082—2019 等同于 ISO 16715：2014《起重机　用于起重机的手势信号》。

运除了手势信号外，起重吊还有旗语信号及音响信号。

凡参与起重吊运的司索指挥和起重机司机等都需要持证上岗。起重司索指挥应取得《特种设备作业人员资格认定分类与项目》Q2 资格证书；起重机司机应取得《特种设备作业人员资格认定分类与项目》Q1 资格证书或施工机械操作证。

第一节　手　势　信　号

手势信号应用十分广泛，一般运用于吊装作业范围较小，指挥人员与起重机司机之间距离较近，起重机司机目视视距内能完整清晰看见指挥手势信号的作业场景。手势信号是起重机吊装作业的基本指挥信号。

一、手势信号的基本要求

(1) 手势信号应清晰、简洁，以防止误会曲解。

(2) 手势信号应合理使用，并被起重机操作人员充分理解。

(3) 非特殊的单臂信号可以用任一只手臂表示（特殊信号可以用一只左手或右手表示）。

（4）指挥人员应遵循以下规定。

1）处于安全位置。

2）便于清晰观察载荷或设备状态。

3）应被司机和作业人员都能清楚看见。

（5）必要时，信号可以组合使用。

（6）操作人员操作的手势信号只能由一人给出，紧急停止信号除外。

（7）考虑到新旧标准规定及理解差异等，吊装前，指挥人员应与起重机司机统一明确所用手势信号的含义。

（8）在指挥语言中的“前、后、左、右、上、下”，均以司机所在位置为参照。

二、手势信号分类

GB/T 5082—2019/ISO16715：2014 中共有 25 种手势信号，具体分为通用手势信号（5 种）、垂直运动手势信号（5 种）、水平运动手势信号（7 种）、相邻部件的运行手势信号（8 种）。

1. 通用手势信号

通用手势信号有如下 5 种。

（1）操作开始（准备）。指挥人员发出开始工作的指令时，要做出“预备”手势，以提示起重机司机准备吊运。操作开始（准备）的手势信号主要用于工作的开始或停止较长一段时间后继续工作前。起重机司机对这种“预备”信号，应用“明白”音响信号回答，使自己置于指挥人员的指挥之下。当起重机负载高速运行在操作过程中准备更换动作时，也可以使用这个信号表示“注意”，此时起重机司机不必发出回答的音响信号，但应控制住起重机的运行速度，并开始减慢速度。操作开始（准备）的手势为手心打开、朝上，水平伸直双臂，如图 6-1 所示。

图 6-1 操作开始（准备）的手势

（2）停止（正常停止）。这是用于负载运行的正常停止手势，起重机司机在操纵设备时，应逐渐地而不能突然地停车。停止（正常停止）手势为单只手臂手心朝下，从胸前至一侧水平摆动手臂，如图 6-2 所示。

（3）紧急停止（快速停止）。这是面临紧急情况时的紧急停止手势。主要用于下列情况：①瞬间停车，也就是在接到信号后的极短时间内停止运行；②有意外或有危险情况时的紧急停车，如负载对人的安全有威胁或快要碰上障碍物时。这种情况下，在作业现场的任何人发出“紧急停止”手势。起重机司机应使负载在不失去平衡的前提下尽快停车。紧急停止（快速停止）的手势为两只手臂手心朝下，从胸前至两侧水平摆动手臂，如图 6-3 所示。

图 6-2　停止（正常停止）手势

图 6-3　紧急停止（快速停止）手势

（4）结束。这个手势说明工作结束，指挥人员不再向起重机司机发出任何指挥信号。起重机司机接到此信号后，发出“回答”音响信号，便可结束工作。结束手势为胸前紧扣双手，如图 6-4 所示。

（5）平稳或精确地减速。这个信号发出后应配合发出其他手势信号。平稳或精确地减速手势为掌心对扣，环形互搓，如图 6-5 所示。

图 6-4　结束手势

图 6-5　平稳或精确地减速手势

2. 垂直运动手势信号

垂直运动手势信号有如下 5 种。

（1）指示垂直距离。指出垂直距离的手势为将伸出的双臂保持在身体正前方，手心上下相对，如图 6-6 所示。

（2）匀速起升。这是用于正常速度起吊负载或空钩上升的手势。匀速起升手势为一只手臂举过头顶，握紧拳头并向上伸出食指，连同前臂小幅度地水平划圈，如图 6-7 所示。

图 6-6　指示垂直距离手势

图 6-7　匀速起升手势

（3）慢速起升。慢速起升手势为一只手给出起升信号，另外一只手的手心放在它的正上方。如图 6-8 所示。

（4）匀速下降。这是用于正常速度降下负载或空钩的手势。匀速下降手势为向下伸出一只手臂，离身体一段距离，握紧拳头并向下伸出食指，连同前臂小幅度地水平划圈，如图 6-9 所示。

图 6-8　慢速起升手势

图 6-9　匀速下降手势

（5）慢速下降。慢速下降手势为一只手给出下降信号，另外一只手的手心放在它的正下方，如图 6-10 所示。

3. 水平运动手势信号

水平运动手势信号有如下 7 种。

（1）指定方向的运行/回转。指挥人员根据所处的指挥位置，可向左、右做手势，也可向前、后做手势。指定方向的运行/回转手势为伸出手臂，指向运行方向，掌心向下，如图 6-11 所示。

图 6-10　慢速下降手势

图 6-11　指定方向的运行/回转手势

（2）驶离指挥人员。驶离指挥人员的手势为双臂在身体两侧，前臂水平地伸向前方，打开双手，掌心向前，在水平位置和垂直位置之间，重复地上下挥动前臂，如图 6-12 所示。

（3）驶向指挥人员。驶向驾驶人员的手势为双臂在身体两侧，前臂保持在垂直方向，打开双手，掌心向上，重复地上下挥动前臂，如图 6-13 所示。

图 6-12　驶离指挥人员的手势

图 6-13　驶向驾驶人员的手势

（4）两个履带的运行。两个履带的运行手势为在运行方向上，两个拳头在身前相互围绕旋转，顺时针表示向前，逆时针表示向后，如图 6-14 所示。

(a)　　(b)

图 6-14　两个履带的运行手势

（a）向前；（b）向后

（5）单个履带的运行。单个履带的运行手势为举起一个拳头，指示一侧的履带紧锁。在身体前方垂直地旋转另外一只手的拳头，指示另外一侧的履带运行，如图 6-15 所示。

（6）指示水平距离。指示水平距离手势为在身前水平伸出双臂，掌心相对，如图 6-16 所示。

图 6-15　单个履带的运行手势

图 6-16　指示水平距离手势

（7）翻转（通过两个起重机或两个吊钩）。这是用于起重机对物体进行翻转指挥的手势。比如，起重机在吊运锻压锻件时，应指挥锻件翻动工作；起重机吊运钢包向炉内倒铁水或向渣盘倒炉渣时等，都需要使负载进行不同程度的翻转或倾斜。对于这些类似的工作都可采用这种手势。翻转手势为水平、平行地向前伸出两只手臂，按翻转方向旋转 90°，如图 6-17 所示。注意，足够的安全余量是每台起重机或吊钩能够承受瞬时偏载的保证。

图 6-17　翻转手势

4. 相邻部件的运行手势信号

相邻部件的运行手势信号有如下 8 种。

图 6-18　主提升机构（主钩）手势

（1）主提升机构（主钩）。在这个信号发出之后，任何其他手势信号只能用于指挥主提升机构。当起重机具有两套或以上主提升机构时，指挥人员可通过手指指示的方式来明确数量。主提升机构（主钩）手势为保持一只手在头顶，另一只手在身体一侧，如图 6-18 所示。

（2）副提升机构（副钩）。在发出这个信号后，任何其他手势信号只用于指挥副起升机构。副提升机构（副钩）手势为垂直地举起一只手的前臂，握紧拳头，另外一只手托于这只手臂的肘部，如图 6-19 所示。主钩和副钩这两种手势用于具有主、副钩的起重机械，可用于区分不同的吊钩，指挥人员可根据载荷情况决定使用哪种手势。

（3）臂架起升。这是用于臂架式起重机臂杆的上升手势，这种“升臂”手势可以指挥负载在水平方向的前后移动。臂架起升手势为水平地伸出手臂，并向上竖起大拇指，如图 6-20 所示。

（4）臂架下降。这是用于指挥臂架式起重机臂杆的“下降”手势。这种“降臂”手势，也同样能实现负载在水平方向的前后移动。臂架下降手势为水平地伸出手臂，并向下伸出大拇指，如图 6-21 所示。

（5）臂架外伸或小车向外运行。臂架外伸或小车向外运行手势为伸出两只紧握拳头的双手在身前，分别伸出大拇指，指向相背，如图 6-22 所示。

图 6-19　副提升机构（副钩）手势

图 6-20　臂架起升手势

图 6-21　臂架下降手势

图 6-22　臂架外伸或小车向外运行手势

（6）臂架收回或小车向内运行。臂架收回或小车向内运行手势为伸出两只紧握拳头的双手在身前，分别伸出大拇指，指向相对。如图 6-23 所示。

图 6-23　臂架收回或小车向内运行手势

（7）荷载下降时臂架起升。荷载下降时臂架起升手势为水平地伸出一只手臂，并向上竖起大拇指。向下伸出另一只手臂，离身体一段距离，连同前臂小幅度地划圈，如图 6-24 所示。

（8）荷载起升时臂架下降。荷载起升时臂架下降手势为水平地伸出一只手臂，并向下伸出大拇指。另一只手臂举过头顶握紧拳头并向上伸出食指，连同前臂小幅度地划圈。如图 6-25 所示。

图 6-24　荷载下降时臂架起升手势

图 6-25　荷载起升时臂架下降手势

第二节　旗　语　信　号

一般在高层建筑、大型吊装等指挥人员与起重机司机之间距离较远的情况下，为了增大起重机司机接收指挥信号的视觉范围，可采用旗语信号指挥。

一、旗语信号简介

旗语信号是手势信号的另一种辅助表达形式。因此，同一信号用旗语指挥和用手势指挥其含义是完全相同的。根据旗语信号的应用范围和工作特点，共分为 23 个旗语信号，在实施中的要求和条件与手势信号基本相同。

指挥旗颜色为红色（深色）、绿色（浅色）。

应采用不易褪色、不易产生褶皱的材料。

其规格，面幅应为 400mm×500mm，旗杆直径应为 25mm，旗杆长度应为 500mm。

握法为左手握红旗，右手握绿旗。

二、常用的旗语信号操作

1. 预备（注意）

预备（注意）的旗语动作为单手持红绿旗上举，如图 6-26 所示。

2. 要主钩

要主钩的旗语动作为单手持红绿旗，旗头轻触头顶，如图 6-27 所示。

3. 要副钩

要副钩的旗语动作为一只手握拳，小臂向上不动，另一只手拢红绿旗，旗头轻触前只手的肘关节，如图 6-28 所示。

4. 吊钩上升

吊钩上升的旗语动作为绿旗上举，红旗自然放下，如图 6-29 所示。

图 6-26　预备（注意）的旗语动作

图 6-27　要主钩的旗语动作

图 6-28　要副钩的旗语动作

图 6-29　吊钩上升的旗语动作

5. 吊钩下降

吊钩下降的旗语动作为绿旗拢起下指，红旗自然放下，如图 6-30 所示。

6. 吊钩微微上升

吊钩微微上升的旗语动作为绿旗拢起上指，红旗拢起横在绿旗上，互相垂直，如图 6-31 所示。

图 6-30　吊钩下降的旗语动作

图 6-31　吊钩微微上升的旗语动作

7. 吊钩微微下降

吊钩微微下降的旗语动作为绿旗拢起下指，红旗拢起横在绿旗下，互相垂直，如图 6-32 所示。

8. 微动范围

微动范围的旗语动作为两手分别拢旗，伸向一侧，其间距与负载所要移动的距离接近，如图 6-33 所示。

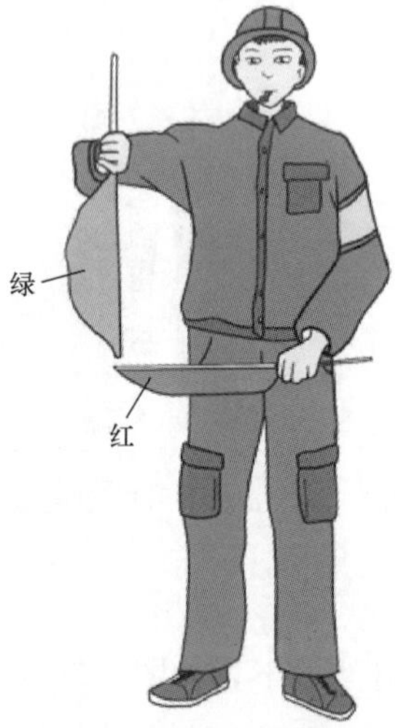

图 6-32　吊钩微微下降的旗语动作

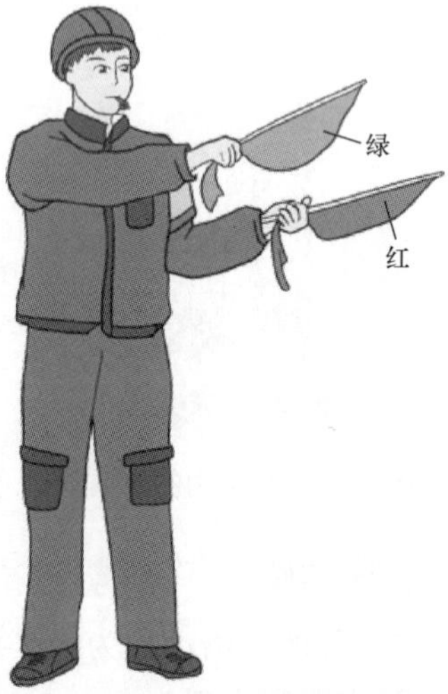

图 6-33　微动范围的旗语动作

9. 指示降落方位

指示降落方位的旗语动作为单手拢绿旗，指向负载应降落的位置，旗头进行转动，如图 6-34 所示。

10. 停止

停止的旗语动作为单旗左右摆动，另一面旗自然放下，如图 6-35 所示。

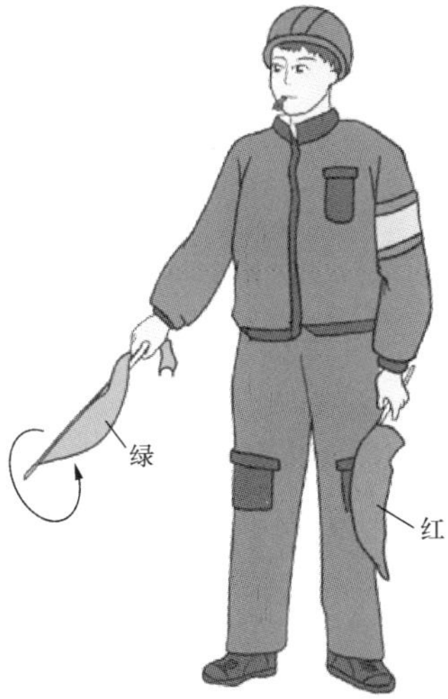

图 6-34　指示降落方位的旗语动作

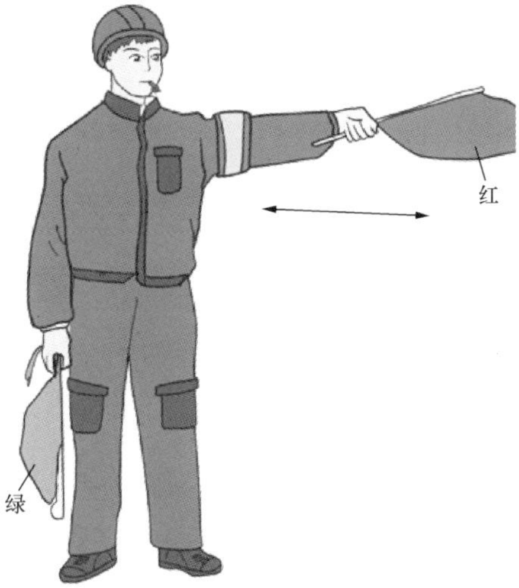

图 6-35　停止的旗语动作

11. 工作结束

工作结束的旗语动作为两旗拢起，在额前交叉，如图 6-36 所示。

图 6-36　工作结束的旗语动作

12. 紧急停止

紧急停止的旗语动作为双手分别持旗，同时左右摆动，如图 6-37 所示。

13. 升臂

升臂的旗语动作为红旗上举，绿旗自然放下，如图 6-38 所示。

14. 降臂

降臂的旗语动作为红旗拢起下指，绿旗自然放下，如图 6-39 所示。

15. 转臂

转臂的旗语动作为红旗拢起，水平指向应转臂的方向，绿旗自然放下，如图 6-40 所示。

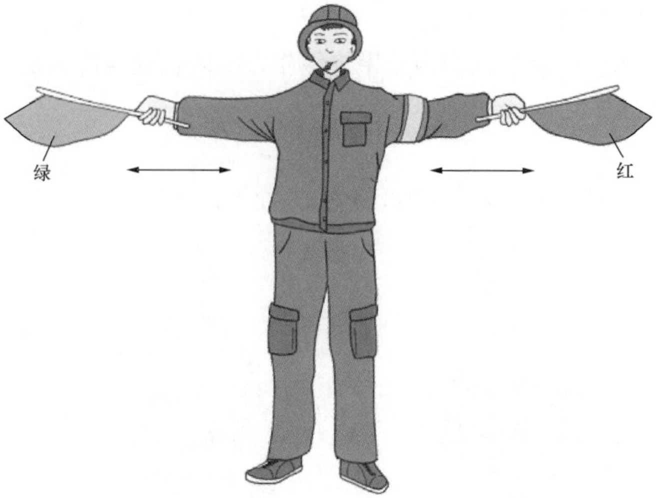

图 6-37　紧急停止的旗语动作

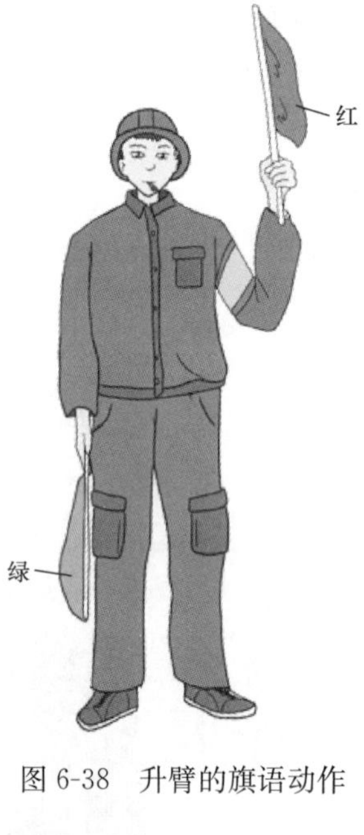

图 6-38　升臂的旗语动作

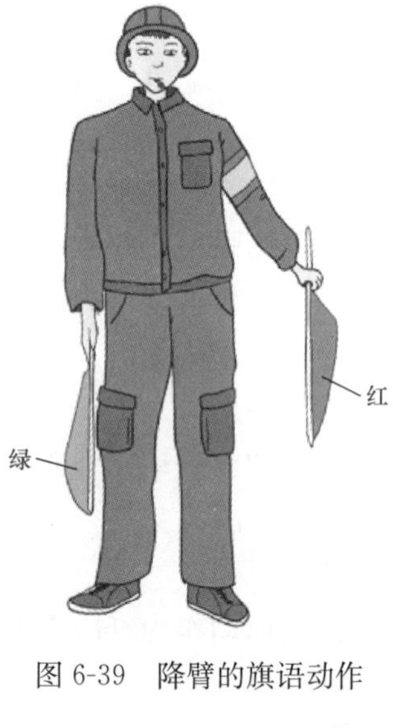

图 6-39　降臂的旗语动作

16. 微微升臂

微微升臂的旗语动作为红旗拢起上举，绿旗拢起横在红旗上，相互垂直，如图 6-41 所示。

17. 微微降臂

微微降臂的旗语动作为红旗拢起下指，绿旗拢起横在红旗上，相互垂直，如图 6-42 所示。

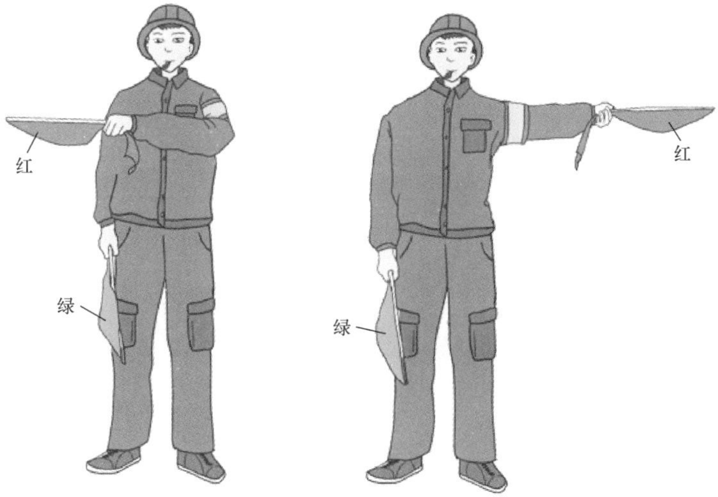

图 6-40　转臂的旗语动作

图 6-41　微微升臂的旗语动作

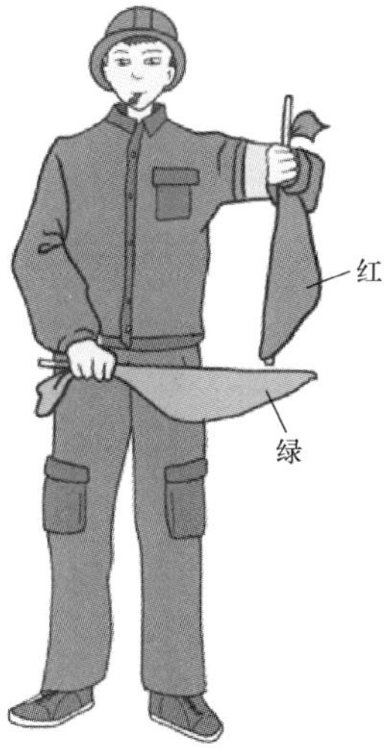

图 6-42　微微降臂的旗语动作

18. 微微转臂

微微转臂的旗语动作为红旗拢起，横在腹前，指向应转臂的方向；绿旗拢起，竖立在红旗前，相互垂直，如图 6-43 所示。

19. 伸臂

伸臂的旗语动作为两旗分别拢起，横在两侧，旗头外指，如图 6-44 所示。

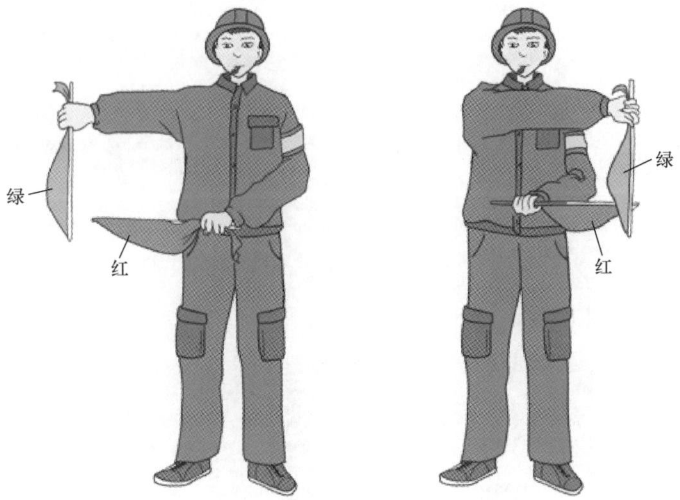

图 6-43　微微转臂的旗语动作

20. 缩臂

缩臂的旗语动作为两旗分别拢起，横在胸前，旗头相对，如图 6-45 所示。

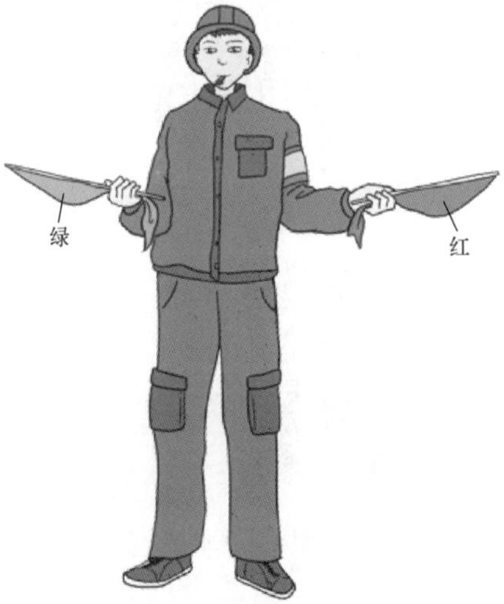

图 6-44　升臂的旗语动作

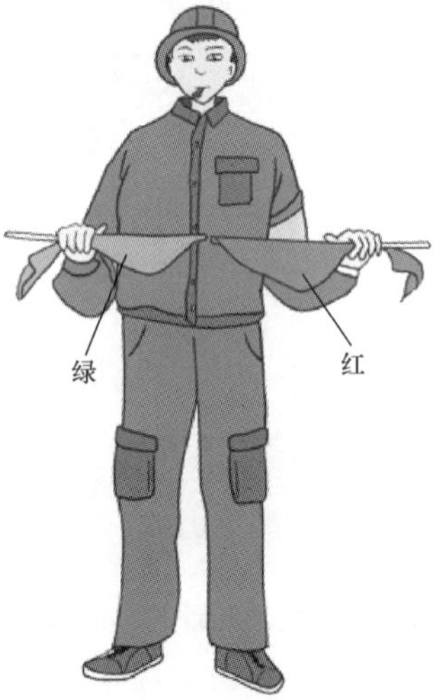

图 6-45　缩臂的旗语动作

21. 履带起重机回转

履带起重机回转的旗语动作为一只手拢旗，水平指向侧前方，另一只手持旗，水平重复挥动，如图 6-46 所示。

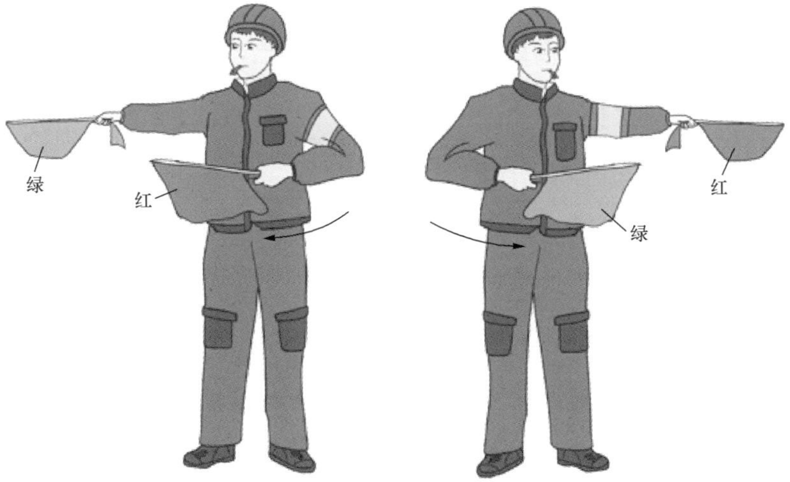

图 6-46　履带起重机回转的旗语动作

22. 履带起重机前进

履带起重机前进的旗语动作为两旗分别拢起，向前上方伸出，旗头由前上方向后摆动，如图 6-47 所示。

23. 履带起重机后退

履带起重机后退的旗语动作为两旗分别拢起，向前伸出，旗头由前方向下摆动，如图 6-48 所示。

图 6-47　履带起重机前进的旗语动作

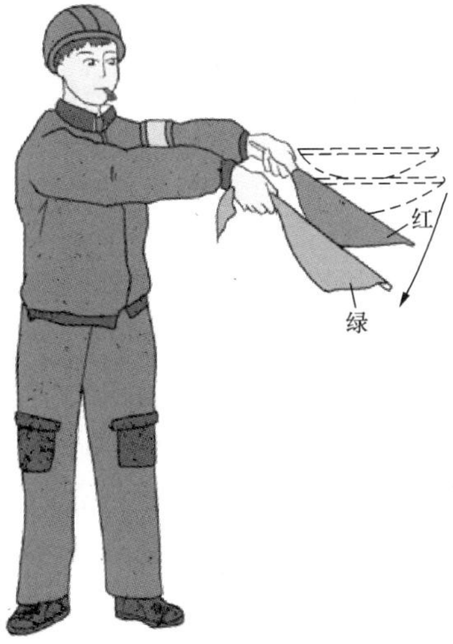

图 6-48　履带起重机后退的旗语动作

第三节 音响信号

音响信号主要运用于作业场面较嘈杂的场所和视觉范围内有盲区，作业人员在不易看清手势或旗语信号时，作为信号补充，以达到准确无误地指挥起重机司机持续开展吊装作业，如建筑物内外等。音响信号通常用口哨和吊车机械上的喇叭来完成，同时通过发出清脆嘹亮悦耳的哨声和鸣笛声引起起重机司机及作业人员的注意。简单的音响可与含义相似的指挥手势或旗语的密切配合，达到准确指挥的目的。

音响信号也是一种辅助信号，一般情况下音响信号不单独作为起重机吊装作业的指挥信号使用，而只是配合手势信号或旗语信号应用，运用时可根据工作需要确定是否采用。

音响信号由音响符号组成，可分为指挥人员音响信号（6 种）和起重机司机使用的音响信号（3 种）。

一、音响符号

1. 长声符号

长声符号为“——”，表示音响时长长于 1s。

2. 短声符号

短声符号为“•”，表示音响时长短于 1s。

3. 停顿符号

停顿符号为“○”，表示停顿。

二、音响信号

1. 指挥人员音响信号

(1)“预备”和“停止”。这两个信号通常在手势或旗语信号之前发出，用于提示起重机司机注意。这种音响也可同其他多种手势或旗语信号配合使用，共同完成指挥任务。“预备”和“停止”的音响信号均为一长声（——）。

(2)“上升”。这是用于发出上升、伸长、抓取等手势或旗语时的音响。这一音响要与手势或旗语信号同时发出。为了使起重机司机有一个思想准备过程，也可以先发出一长（——）声预备哨笛，然后，再发出二短声（• •）哨笛。“上升”的音响信号为二短声（• •）。

(3)“下降”。这是用于发出下降、收缩、释放等手势或旗语时的音响。这一音响要同时与手势或旗语信号发出。为了使起重机司机有一个思想准备过程，也可以先发出一长声预备哨笛，然后，再发出三短声哨笛。“下降”的音响信号为三短声（• • •）。

（4）“微动”。这是用于发出微微上升、下降、水平移动等手势或旗语的音响信号。在发出这一音响时，指挥人员要根据微动距离的情况，发出强弱不同有节奏的音响。如距离较远时，可发出较强断续短声，随着距离的缩短，发出断续声应逐渐减弱，同时节奏拉长。“微动”的音响信号为断续短声（•○•○•○）。

（5）“紧急停止”。这一音响信号只用于“紧急停止”时，并与手势或旗语信号同时发出。在发出这一音响时，要使人产生强烈的紧迫感。如某一险情或事故将要发生，有关人员必须立即采取紧急措施。“紧急停止”的音响信号为急促的长声（————————）。

2. 起重机司机使用的音响信号

（1）“明白”或“停止”。该信号是对指挥人员发出指挥信号的回答。“明白”或“停止”的音响信号为一短声（•）。

（2）“重复”。该信号用于起重机司机不能正确执行指挥人员发出的指挥信号时，请求重新发出信号，而发出的询问信号。对于这种情况，起重机司机应先停车，再发出询问信号，以保障安全。“重复”的音响信号为二短声（• •）。

（3）“注意”。这是一种危急信号。当起重机司机发现下列情况，都应发出这种长声“注意”音响，以警告有关人员：①他不能完全控制他操纵的设备时；②预感到起重机在运行过程中会发生事故时；③知道有与其他设备或障碍物相碰撞的可能时；④预感到所吊运的负载对地面人员的安全有威胁。“注意”的音响信号为一长声（——）。

第四节　起重吊运指挥语言

起重吊运指挥语言是把手势信号或旗语、音响信号转变成指挥语言，并用无线电对讲机等通信设备进行指挥的一种指挥方法。

指挥语言主要应用在超高层建筑、大型工程、吊装盲区或多机配合吊运的指挥和工作联络。它可以用于领导向指挥人员下达工作任务和要求或指挥人员对起重机司机发出具体工作命令。如果在操作中起重机司机能看清指挥人员的指挥信号，一般不使用指挥语言。

为了克服地方方言及人们容易混淆的术语和一些语音相似的词（字），指挥人员必须用普通话发出指挥语言。

一、开始、停止工作的语言

开始、停止工作的语言见表 6-1。

表 6-1　开始、停止工作的语言

起重机的状态	指挥语言
开始工作	开始
停止和紧急停止	停
工作结束	结束

二、吊钩移动语言

吊钩移动语言见表 6-2。

表 6-2　吊钩移动语言

吊钩的移动	指挥语言
正常上升	上升
微微上升	上升一点
正常下降	下降
微微下降	下降一点
正常向前	向前
微微向前	向前一点
正常向后	向后
微微向后	向后一点
正常向右	向右
微微向右	向右一点
正常向左	向左
微微向左	向左一点

三、转台回转语言

转台回转语言见表 6-3。

表 6-3　转台回转语言

转台的回转	指挥语言
正常右转	右转
微微右转	右转一点
正常左转	左转
微微左转	左转一点

四、臂架移动语言

臂架移动语言见表 6-4。

表 6-4 臂架移动语言

臂架的移动	指挥语言
正常伸长	伸长
微微伸长	伸长一点
正常缩回	缩回
微微缩回	缩回一点
正常升臂	升臂
微微升臂	升一点臂
正常降臂	降臂
微微降臂	降一点臂

第五节 信号的配合使用

一、指挥人员使用音响信号与手势或旗语信号之间的配合

（1）在发出“上升”音响时，可分别与“吊钩上升”“升臂”“伸臂”“抓取”手势或旗语信号相配合。

（2）在发出“下降”音响时，可分别与“吊钩下降”“降臂”“缩臂”“释放”手势或旗语信号相配合。

（3）在发出“微动”音响时，可分别与“吊钩微微上升”“吊钩微微下降”“吊钩水平微微移动”“微微升臂”“微微降臂”手势或旗语信号相配合。

（4）在发出“紧急停止”音响时，可与“紧急停止”手势或旗语信号相配合。

（5）在发出“预备”“停止”音响时，均可与上述未规定的手势或旗语信号相配合。

二、指挥人员与司机之间的配合

（1）指挥人员发出“预备”信号时，要目视起重机司机，司机接到信号在开始工作前，应回答“明白”信号。当指挥人员听到回答信号后，方可进行指挥。

（2）指挥人员在发出“要主钩”“要副钩”“微动范围”手势或旗语时，要

目视起重机司机，同时可发出“预备”音响信号，司机接到信号后，要准确操作。

(3) 指挥人员在发出“工作结束”的手势或旗语时，要目视起重机司机，同时可发出“停止”音响信号，司机接到信号后，应回答“明白”信号方可离开岗位。

(4) 指挥人员对起重机要求微微移动时，可根据需要，重复给出信号。司机按信号要求，缓慢平稳操纵设备。除此以外，如无特殊要求（如船用起重机专用手势信号），其他指挥信号，指挥人员都应一次性给出。司机在接到下个信号前，必须按原指挥信号要求操纵设备。

第六节　对指挥人员和司机的基本要求

一、对使用信号的基本规定

(1) 指挥人员使用手势信号均以本人的手心、手指或手臂表示吊钩、臂杆和机械位移的运动方向。

(2) 指挥人员使用旗语信号均以指挥旗的旗头表示吊钩、臂杆和机械位移的行动方向。

(3) 在同时指挥臂杆和吊钩时，指挥人员必须分别用左手指挥臂杆，右手指挥吊钩，当持旗指挥时，一般左手持红旗指挥臂杆，右手持绿旗指挥吊钩。

(4) 当两台或两台以上起重机同时在距离较近的工作区域内工作时，指挥人员使用音响信号的音调应有明显区别，并配合手势或旗语指挥。严禁单独使用相同音调的音响指挥。

(5) 当两台或两台以上起重机同时在距离较近的工作区域内工作时，司机发出的音响信号应有明显区别。

(6) 指挥人员用“起重吊运指挥语言”指挥时，应讲普通话。

二、指挥人员的职责及其要求

(1) 指挥人员应规范使用信号与起重机司机进行联系。

(2) 指挥人员发出的指挥信号必须清晰、准确。

(3) 指挥人员应站在使司机能看清指挥信号的安全位置上。当跟随负载运行指挥时，应随时指挥负载避开人员和障碍物。

(4) 指挥人员不能同时看清司机和负载时，必须增设中间指挥人员以便逐级传递信号，当发现错传信号时，应立即发出停止信号。

（5）负载降落前，指挥人员必须确认降落区域安全时，方可发出降落信号。

（6）当多人绑挂同一负载时，起吊前，应先做好呼唤应答，确认绑挂无误后，方可由一人负责指挥。

（7）同时用两台起重机吊运同一负载时，指挥人员应双手分别指挥各台起重机，以确保同步吊运。

（8）在开始起吊负载时，应先用“微动”信号指挥，待负载离开地面100mm试吊暂停，并检查主吊绳、辅助吊绳的绑扎情况是否正确、可靠后，再用正常速度起吊。必要时，在负载降落前，也应使用“微动”信号指挥。

（9）指挥人员应佩戴鲜明的标志，如标有“指挥”字样的臂章、特殊颜色的安全帽、工作服等。

（10）指挥人员所佩戴手套的手心和手背要易于辨别。

（11）采用对讲机指挥时，应确保对讲机频道相同、工作正常，并有备用对讲机，应对信号失效时的应急措施，施工过程中要保持不间断传递语音信号，信号中断时应立即停止动作，待信号确认正常后方可恢复施工。

三、起重机司机的职责及其要求

（1）司机必须只服从指挥人员指挥，当指挥信号不明时，司机应发出“重复”信号询问，明确指挥意图后，方可开车。

（2）司机必须熟练掌握各种指挥信号，并与指挥人员密切配合。

（3）当指挥人员发出违反规定的信号时，司机有权拒绝执行。

（4）司机在开车前必须鸣笛示警，必要时，在吊运中也要鸣笛，通知受到威胁的地面作业人员撤离。

（5）在吊运过程中，司机对任何人发出的“紧急停止”信号都应服从。

第七章

吊装作业人员管理要求

第一节　吊装作业人员的基本要求和安全职责

一、吊装作业人员基本要求

（1）从事吊装作业的人员应年满18周岁，同时健康状况应符合规定的相关要求。

（2）从事吊装作业的人员应具有必要的起重知识，熟悉有关规程、规范。

（3）起重指挥、司机等作业人员应在取得相应的特种设备作业人员或建筑施工特种作业人员资格证书后，方可从事相关作业，严禁无证上岗。

（4）作业人员应接受相应的安全生产教育和岗位技能培训，经考试合格方可上岗。

（5）新员工、实习人员和临时作业人员，应经过安全教育培训后，安规考试合格，方可进入现场，并在监护人员监护下参加指定的工作。

（6）作业人员经县级或二级甲等及以上医疗机构鉴定，无职业禁忌的病症。至少每两年进行一次体检，高处作业人员应每年进行一次体检。

二、吊装作业涉及的人员

（1）管理人员。主要包括项目技术管理人员、安全监督人员等。

（2）特种作业人员。主要包括吊装机械司机（起重机操作员）、起重指挥人员、高处作业人员、电焊作业人员、电工等。

（3）其他辅助配合人员。

三、吊装作业主要人员安全职责

1. 项目技术管理人员

（1）编制起重吊装施工方案，按本单位管理程序文件的规定审核和批准，并报送监理单位和建设单位。施工条件发生变化时，应修订或重新编制起重吊装施工方案，或编制修改单，并按原方案的审批程序审核批准。

（2）组织现场安全交底和安全培训。

（3）组织实施作业，作业过程中协调落实作业安全措施。

（4）对相关作业安全措施的有效性和可靠性负责。

（5）评估处置作业过程中可能发生的条件变化。

2. 起重指挥人员

（1）接受专业技术培训及考核，持证上岗。

（2）掌握并严格执行起重吊装施工方案，站在能直接指挥各个工作岗位的安全位置，按《起重机　手势信号》（GB/T 5082—2019）统一指挥，信号清晰明确。

（3）监督吊索或吊具的选择。

（4）正式起吊前应指挥试吊，确认一切正常，方可正式指挥吊装。

（5）及时判断和处理异常情况，发现安全措施落实不完善，有权暂停作业。

3. 司索人员（起重工）

（1）接受专业技术培训及考核，持证上岗。

（2）测算货物质量与吊装机械额定起吊质量是否相符。

（3）根据货物的质量、体积和形状等情况选择合适的吊具与吊索。

（4）检查吊具、吊索与货物的捆绑或吊挂情况。

（5）听从指挥人员的指挥，及时报告险情。

（6）熟知作业过程中的危害和控制措施。

4. 起重机司机

（1）符合专业资质要求。

（2）参与吊装作业计划的编制。

（3）严格执行吊装作业计划，按指挥信号进行操作。

（4）对任何人发出的紧急停车信号，均应立即执行。

（5）熟知吊装作业过程中的危害和控制措施。

（6）定期对起重机进行检查、维护。

5. 安全监督员

（1）监督吊装作业按照审核批准的吊装方案实施。

（2）监督培训过且持有合格证书的司机操作吊装机械。

（3）监督有资质的起重工和信号员进行吊装工作。

（4）在吊装作业过程中监督起重机司机、起重工和信号员各负其责。

（5）一旦有不安全的情况立即报告，并应采取适当的措施。

6. 其他辅助配合人员

（1）应具有必要的起重知识，熟悉有关规程、规范。

（2）应接受相应的安全生产教育和岗位技能培训，经考试合格上岗。

（3）接受现场安全交底，在管理人员及起重人员指挥下开展工作。

第二节　吊装作业人员的持证和资质要求

变电生产现场吊装作业，涉及多种国家、行业有关部门实行监管或许可的特种作业（工种）岗位，按照国家准入资格证要求，经过相关国家、行业授权机构组织的准入资格培训，考核合格后颁发的证书方能上岗作业。

一、国家关于吊装作业人员持证规定

目前我国对涉及的起重的特种设备作业人员管理规定主要有《特种设备作业人员监督管理办法》《市场监管总局关于特种设备行政许可有关事项的公告》(2019 第 3 号)、《特种作业人员安全技术培训考核管理规定》《建筑施工特种作业人员管理规定》等，其中，主要涉及人员如下。

（1）起重司机应取得国家市场监督管理总局《市场监管总局关于特种设备行政许可有关事项的公告》（2019 年第 3 号）《特种设备作业人员资格认定分类与项目》规定的 Q2 资格证书或施工机械操作证。

（2）起重指挥应取得国家市场监督管理总局《市场监管总局关于特种设备行政许可有关事项的公告》（2019 年第 3 号）《特种设备作业人员资格认定分类与项目》规定的 Q1 资格证书。

（3）高处安装人员应取得应急管理部《特种作业人员安全技术培训考核管理规定》规定的特种作业人员高处安装、维护、拆除作业资格证书（高处作业证）。

（4）建筑起重司索信号工应取得建筑部门《建筑施工特种作业人员管理规定》规定的操作资格证书。

（5）安全管理人员应取得建筑部门安全证或安全培训合格证。

二、国家对特种设备及特种作业人员管理部门及要求

目前，我国对特种设备及特种作业人员的管理部门主要有应急管理部（原安监总局)、市场监督管理总局及住房和城乡建设部，分别管理特种作业操作证、特种设备从业人员（特种设备操作证）及建筑施工特种作业。

1. 特种作业操作证

（1）特种作业操作证的管理单位为应急管理部（原安监总局)。

（2）《特种作业人员安全技术培训考核管理规定》（国家安全生产监督管理

总局第 30 号令）规定，特种作业是指容易发生事故，对操作者本人、他人的安全健康及设备、设施的安全可能造成重大危害的作业。特种作业的范围由特种作业目录规定。该规定所称特种作业人员，是指直接从事特种作业的从业人员。特种作业人员所持证件为特种作业操作证，如图 7-1 所示。

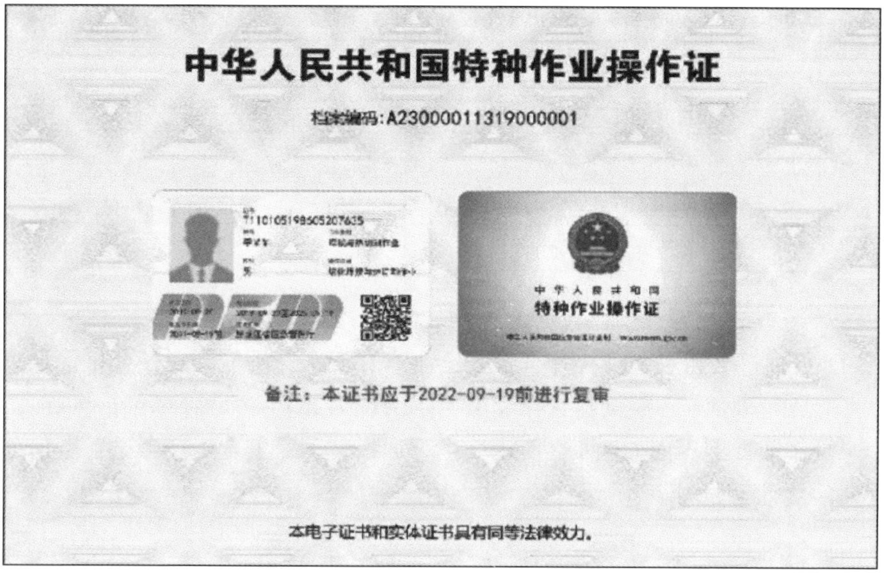

图 7-1　特种作业操作证

（3）特种作业项目见表 7-1。

表 7-1　　特种作业项目

序号	作业类别	操作项目
1	电工作业	高压电工作业
		低压电工作业
		电力电缆作业
		防爆电气作业
		继电保护作业
		电气试验作业
2	焊接与热切割作业	熔化焊接与热切割作业
		压力焊接作业
		钎焊作业
3	高处作业	登高架设作业
		高处安装、维护、拆除作业

续表

序号	作业类别	操作项目
4	制冷与空调作业	
5	煤矿安全作业	
6	金属非金属矿山安全作业	
7	石油天然气安全作业	
8	冶金（有色）生产安全作业	
9	危险化学品安全作业	
10	烟花爆竹安全作业	
11	工地升降货梯升降作业	
12	应急管理部认定的其他作业	

（4）可通过“特种作业操作证及安全生产知识和管理能力考核合格信息查询平台（应急管理部）”查询特种作业资格，网址为 http://cx.mem.gov.cn/。特种作业操作证查询界面如图 7-2 所示。也可通过“国家安全生产考试”微信公众号查询，二维码如图 7-3 所示。

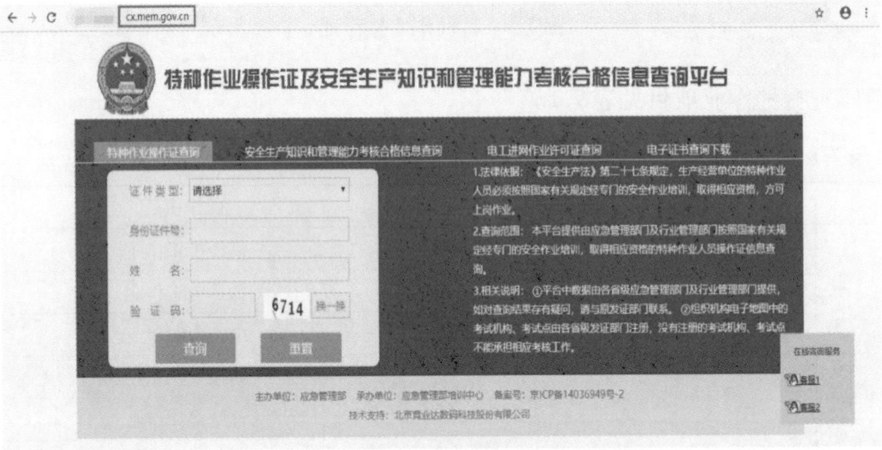

图 7-2　特种作业操作证查询界面

2. 特种设备从业人员（特种设备操作证）

（1）特种设备从业人员（特种设备操作证）的管理单位为市场监督管理总局。

（2）《特种设备安全监察条例》规定，锅炉、压力容器、压力管道、电梯、起重机械、客运索道、大型游乐设施、场（厂）内专用机动车辆的作业人员及其相关管理人员（以下统称特种设备作业人员），应当按照国家有关规定经特种设备安全监督管理部门考核合格，取得国家统一格式的特种作业人员证书，方可从事相应的作业或者管理工作。国家市场监督管理总局下属地方市场监管局颁发的《特种设备作业人员证》内页如图 7-4 所示。

图 7-3 “国家安全生产考试”微信公众号二维码

（3）特种设备从业人员包括锅炉、压力容器（含气瓶）、压力管道、电梯、起重机械、客运索道、大型游乐设施、场（厂）内专用机动车辆的作业人员及其相关管理人员。特种设备从业人员目录见表 7-2。

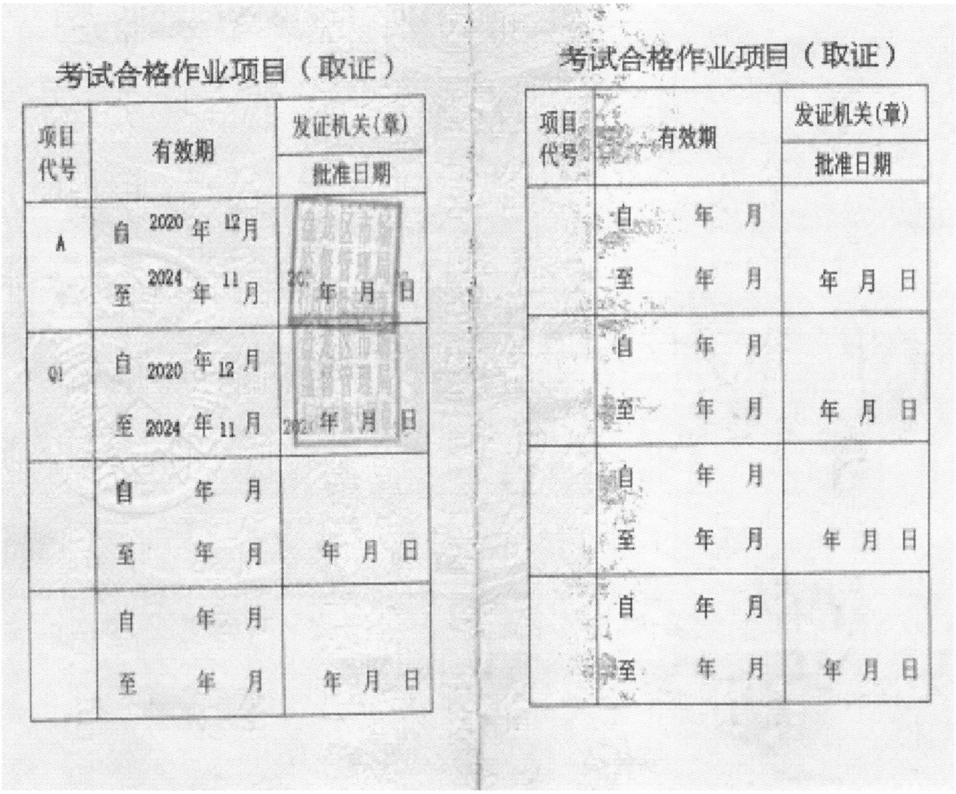

考试合格作业项目（取证）

项目代号	有效期	发证机关(章) 批准日期
A	自 2020 年 12 月 至 2024 年 11 月	20 年 月 日
Q1	自 2020 年 12 月 至 2024 年 11 月	20 年 月 日
	自 年 月 至 年 月	年 月 日
	自 年 月 至 年 月	年 月 日

考试合格作业项目（取证）

项目代号	有效期	发证机关(章) 批准日期
	自 年 月 至 年 月	年 月 日
	自 年 月 至 年 月	年 月 日
	自 年 月 至 年 月	年 月 日
	自 年 月 至 年 月	年 月 日

图 7-4 《特种设备作业人员证》内页

表 7-2　　特种设备从业人员目录

序号	种类（微信订阅：每日安全生产）	作业项目	项目代号
1	特种设备安全管理	特种设备安全管理	A
2	锅炉作业	工业锅炉司炉	G1
		电站锅炉司炉	G2
		锅炉水处理	G3
3	压力容器作业	快开门式压力容器操作	R1
		移动式压力容器充装	R2
		氧舱维护保养	R3
4	气瓶作业	气瓶充装	P
5	电梯作业	电梯修理	T
6	起重机作业	起重机指挥	Q1
		起重机司机	Q2
7	客运索道作业	客运索道修理	S1
		客运索道司机	S2
8	大型游乐设施作业	大型游乐设施修理	Y1
		大型游乐设施操作	Y2
9	场（厂）内专用机动车辆作业	叉车司机	N1
		观光车和观光列车司机	N2
10	安全附件维修作业	安全阀校验	F
11	特种设备焊接作业	金属焊接操作	

（4）可通过“全国特种设备公示信息查询平台（国家市场监督管理总局）”查询特种设备从业人员（特种设备操作证）资格，网址为 http://cnse.e-cqs.cn/info-pub/pub。特种设备从业人员查询界面如图 7-5 所示。

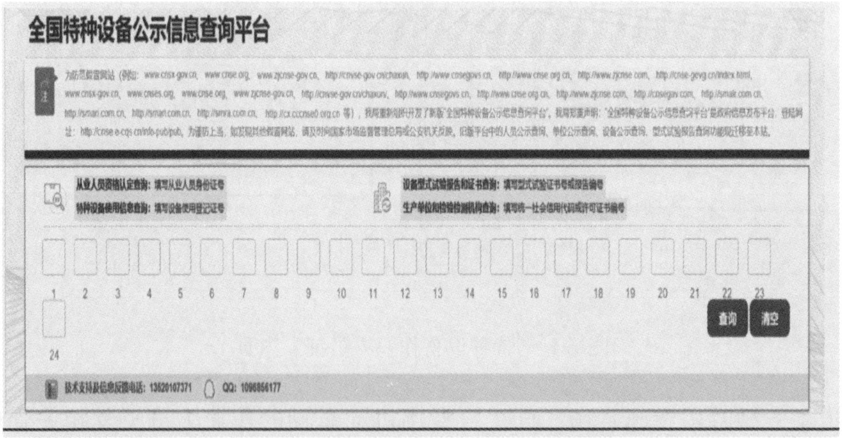

图 7-5　特种设备从业人员查询界面

（5）汽车式起重机操作人员持证补充说明。随着我国经济社会的快速发展、特种设备数量的高速增长，原特种设备目录已不能完全适应特种设备安全监管的需要。国家质检总局于 2013 年 6 月起开始组织修订特种设备目录，根据《中华人民共和国特种设备安全法》《特种设备安全监察条例》的规定，国家市场监督管理总局修订了《特种设备目录》，经国务院批准，于 2014 年 10 月 30 日公布施行。其中，将汽车式起重机等部分吊装机械从《特种设备目录》移出，操作人员不需要持特种设备作业人员证书，鉴于使用汽车式起重机开展吊装作业时安全风险仍然较高，虽未列入国家特种设备作业人员名录，但事关施工安全和工程质量，也应经过专业知识和基本岗位技能培训并获取培训合格证书、施工作业操作证书等，作为岗位所需要的自身知识能力证明。汽车式起重机操作人员的建设机械施工作业操作证如图 7-6 所示。

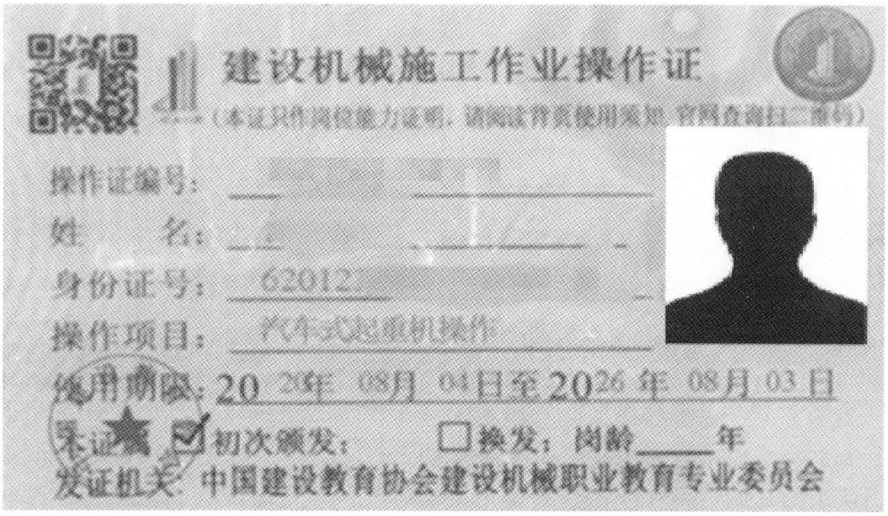

图 7-6　建设机械施工作业操作证

3. 建筑施工特种作业

（1）建筑施工特种作业的管理单位为住房和城乡建设部。

（2）《建筑施工特种作业人员管理规定》中指出，建筑施工特种作业人员是指在房屋建筑和市政工程施工活动中，从事可能对本人、他人及周围设备设施的安全造成重大危害作业的人员。建筑施工特种作业人员必须经建设主管部门考核合格，取得建筑施工特种作业人员操作资格证书（以下简称“资格证书”），方可上岗从事相应作业。建筑施工特种作业人员操作资格及年审培训电子证件如图 7-7 所示。

（3）建筑施工（房屋建筑和市政工程施工）特种作业包括：①建筑电工；

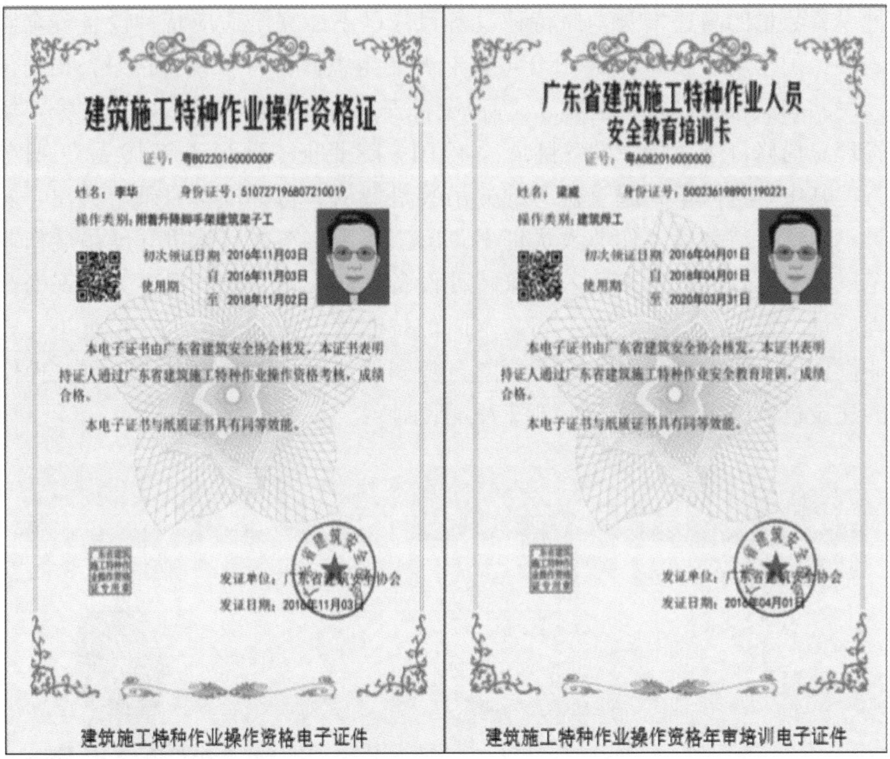

图 7-7　建筑施工特种作业人员操作资格及年审培训电子证件

②建筑架子工；③建筑起重信号司索工；④建筑起重机械司机；⑤建筑起重机械安装拆卸工；⑥高处作业吊篮安装拆卸工；⑦经省级以上人民政府建设主管部门认定的其他特种作业。建筑施工（房屋建筑和市政工程施工）特种作业见表 7-3。

表 7-3　　建筑施工（房屋建筑和市政工程施工）特种作业

序号	类别	工种	代码
1	建筑电工	建筑电工	
2	建筑架子工	建筑架子工（普通脚手架）	P
		建筑架子工（附着升降脚手架）	F
3	建筑起重司索信号工	建筑起重司索信号工	
4	建筑起重机械司机	建筑起重机械司机（塔式起重机）	T
		建筑起重机械司机（施工升降机）	S
		建筑起重机械司机（物料提升机）	W

续表

序号	类别	工种	代码
5	建筑起重机械安装拆卸工	建筑起重机械安装拆卸工（塔式起重机）	T
		建筑起重机械安装拆卸工（施工升降机）	S
		建筑起重机械安装拆卸工（物料提升机）	W
6	高处作业吊篮安装拆卸工	高处作业吊篮安装拆卸工	

（4）可在各省住建厅官网或全国工程质量安全监管信息平台查询建筑施工特种作业人员操作资格证，全国工程质量安全监管信息平台的网址为 https://zlaq.mohurd.gov.cn/。建筑施工特种作业人员查询界面如图 7-8 所示。

图 7-8　建筑施工特种作业人员查询界面

第八章

变电施工现场吊装作业现场安全监控

变电施工现场吊装作业现场安全监控，主要包含现场安全监护和视频监控，简称“线上＋线下”监督。

第一节　现场安全监护

现场安全监护主要关注吊装作业前检查、作业过程监护及吊装作业风险变化监控这3方面。

一、吊装作业前检查

吊装作业前的检查内容有：①吊装作业前各项手续是否齐全；②是否编制了施工方案，安全交代是否到位；③现场安全措施是否执行到位，工作负责人、起重机司机、指挥人员、安全监护人等关键人员是否在场履职；④作业人员对当天作业风险及控制措施是否清楚，人员是否足够安排是否合理等。

二、作业实施监护

（1）吊装机械进场前，应在场外进行设备功能安全性检查，避免操作过程吊装机械失控或者发生意外。吊运前，应固定好吊装机械，检查吊装机械各部件的安全状态，特别是吊索、滑轮及制动系统，一切都完好后才能开始工作。起吊前，货物绑扎要牢固，绳扣要结实，位置要正确。

（2）吊装机械设备出入场地，应由生产运行单位全程指引和监护。吊装机械停放后，应可靠接地并确保支撑部件平稳、牢靠。吊装作业前应检查基础平直无沉陷。作业现场若出现吊车作业“十不吊”情况的，应立即停止作业。

（3）吊装作业的指挥人员应与操作人员密切配合，正确清晰发出指挥信号。操作人员应按照指挥人员的信号进行操作，当信号不清或错误时，操作人员可拒绝执行，紧急情况下任何人均可终止作业。

（4）吊装机械作业时，起重臂和重物下方严禁有人停留、作业或通过。重物吊运时，严禁从人体上方通过。严禁用吊装机械载运人员。

（5）严禁使用吊装机械进行斜拉、斜吊和起吊地下埋设或凝固在地面上的重物以及其他不明重量的物体。现场浇注的混凝土构件或模板，必须全部松动后方可起吊。

（6）严禁起吊重物长时间悬停在空中，作业中遇突发故障，应采取措施将重物降落到安全地方，并关闭发动机或切断电源后进行检修。在突然停电时，应立即把所有控制器拨到零位，断开电源总开关，并采取措施使重物降到地面。

（7）操控室远离地面的吊装机械，在正常指挥发生困难时，地面及作业层（高空）的指挥人员均应采用对讲机等有效的通信联络进行指挥。

（8）作业中如遇六级及以上大风或阵风，应立即停止作业，按照操作规程执行锁紧夹轨器，将回转机构的制动器完全松开等操作，在保证安全距离的前提下，起重臂应能随风转动；对轻型变幅吊装机械，应将起重臂落下并与塔身结构锁紧在一起。

三、吊装作业风险变化管控

严格履行吊装作业风险变化审批管控流程。当现场作业环境、设备状态、带电区域、作业方法、作业步骤、起重机械司机或指挥人员等关键作业人员发生变化时，工作负责人应及时重新评估作业风险，修改吊装作业施工方案并重新履行审批手续。当作业人员发现可能造成人员伤亡、健康受损或安全事故等情况时，有权拒绝作业。

第二节　视　频　监　控

视频监控主要采用记录仪或布控球对现场吊装作业进行实时线上监督，通过现场作业视频监督系统，对使现场吊装作业全过程实现可视化管理，实现吊装作业过程可监控、可记录、可追溯，达到震慑现场违章、规范作业行为、确保现场吊装作业安全完成的目的。视频监控主要做到 8 个确认点和 4 个终止点。

一、视频监控 8 个确认点

监控人在对吊装作业监控过程中，应对发现的违章或问题进行纠正、记录，重点关注以下 8 个确认点。

（1）吊装作业人员戴安全帽、系安全带等个人安全防护措施是否执行。

（2）起重指挥信号传递是否执行。

（3）吊装作业负责人对全体工作班成员进行作业前安全交代是否执行。

（4）吊索或吊具的正确选择是否执行。

（5）需要人员监护的吊装作业环节是否安排了专人监护。

（6）在开展正式吊装前，是否进行了试吊。

（7）涉及现场旁站、驻点管控的吊装作业现场，管控人员是否履职。

（8）吊装作业人员作业过程中是否存在违章行为。

二、视频监控 4 个终止点

在对开展吊装作业现场实时视频监控时，监控人要对吊装作业过程中可能威胁人身、电网、设备安全的行为或问题对作业人员发出终止作业的指令，经过现场纠正、整改，由当事人向监控人提出复工申请，经监控人确认确已整改后，方可复工。重点关注的 4 个终止点如下。

（1）工作负责人、监护人、管控人现场履职错位或不到位。

（2）视频监控设备（工作记录仪、4G 布控球等）摆放位置不合理，视频录制质量较差。

（3）安全措施不完善、不合理等情况。

（4）发现可能威胁人身、电网、设备安全的行为或问题。

第九章

变电施工现场吊装作业典型场景安全风险管控

第一节　变电施工现场吊装作业常见风险及管控措施

变电设备存在价值高、易碎瓷件多、不规则形状多、重心高、作业活动空间大，事故隐患多等特点。设备安装精度要求高，所以，吊装作业需指挥、捆扎、司机等多个工种紧密配合协同完成；加之临近带电体、地下带电运行电缆沟道等附属设施更使作业环境复杂多变，这些都决定了变电吊装作业全过程存在较大风险。

通过对吊装作业全过程开展风险分析，可以辨识出变电吊装作业的主要及常见风险。从导致后果来看，主要有人身伤亡、设备损坏、电网停电等 3 类；从归属要素来看，主要有“人、管理、物、环境”4 个关键要素。吊装作业全过程风险分析见表 9-1。

表 9-1　　吊装作业全过程风险分析

序号	危险因素及具体描述	易导致事故	拟采用的风险控制技术措施	归属要素
1	人员无证上岗或证件过期仍继续作业	人身伤亡 设备损坏	特种作业人员和特种设备操作人员须经过专业技术培训，经考试合格，并取得有效资格证后方可作业	管理
2	物件吊装过程中歪拉斜吊	设备损坏	物件因故不能顺利吊装时，应采取妥善措施解决问题，严禁歪拉斜吊，野蛮施工	人
3	起吊时物件上有人或有浮置物	人身伤亡	物件上有人或浮置物时严禁起吊	人
4	吊装时物件晃动磕碰其他构件	设备损坏 电网停电	吊装大型物件时应拴好控制绳，控制绳数量应保证有两根	人
5	吊点选择不合理导致起重机械或吊索具超负荷	人身伤亡 设备损坏	明确吊点并合理使用，防止吊装超载	人
6	施工前工具检查不到位或使用不合格工具	人身伤亡	施工前全面检查工具，合格后方可使用	管理

续表

序号	危险因素及具体描述	易导致事故	拟采用的风险控制技术措施	归属要素
7	钢丝绳用绳卡连接时，绳卡使用错误	设备损坏	钢丝绳端部用绳卡连接时，绳卡压板应在钢丝绳主要受力的一边，绳卡间距应不小于钢丝绳直径的6倍	人
8	钢丝绳通过棱角处未采取保护措施钢丝绳与棱角处直接接触	设备损坏	在棱角处加垫半圆管或其他柔软物，防止割伤钢丝绳	人
9	吊装过程中钢丝绳叠压，受力不均	设备损坏	吊装前检查钢丝绳排列情况，确保各股钢丝绳均匀受力，没有叠压现象	人
10	人员无证上岗或证件过期仍继续作业	人身伤亡 设备损坏	特种作业人员和特种设备操作人员须经过专业技术培训，经考试合格，并取得有效资格证后方可作业	人
11	物件吊装过程中歪拉斜吊	设备损坏	物件因故不能顺利吊装时，应采取妥善措施解决问题，严禁歪拉斜吊，野蛮施工	人
12	起吊时物件上有人或有浮置物	人身伤亡	物件上有人或浮置物时严禁起吊	人
13	吊装时物件晃动磕碰其他构件	设备损坏 电网停电	吊装大型物件时应拴好控制绳，控制绳数量应保证有两根	人
14	吊点选择不合理导致起重机械或吊索具超负荷	人身伤亡 设备损坏	明确吊点并合理使用，防止吊装超载	人
15	施工前工具检查不到位或使用不合格工具	人身伤亡	施工前全面检查工具，合格后方可使用	人
16	钢丝绳用绳卡连接时，绳卡使用错误	设备损坏	钢丝绳端部用绳卡连接时，绳卡压板应在钢丝绳主要受力的一边，绳卡间距应不小于钢丝绳直径的6倍	人
17	钢丝绳通过棱角处未采取保护措施钢丝绳与棱角处直接接触	设备损坏	在棱角处加垫半圆管或其他柔软物，防止割伤钢丝绳	人
18	吊装过程中钢丝绳叠压，受力不均	设备损坏	吊装前检查钢丝绳排列情况，确保各股钢丝绳均匀受力，没有叠压现象	人
19	起重机械地面不稳固，承载力不足	人身伤亡 设备损坏	起重机械的基础承载力应满足使用要求	物
20	起重机械带病运转	人身伤亡	起重机械不得带病运转	物

续表

序号	危险因素及具体描述	易导致事故	拟采用的风险控制技术措施	归属要素
21	卸扣使用时卸扣或在棱角处使用，卸扣销轴在活动性较大索具内使用松动	设备损坏	卸扣不得横向受力，不得使卸扣处于物件的转角处，必要时应加衬垫并使用加大规格的卸扣，卸扣的销子不得扣在活动性较大的索具内，防止销轴脱落伤人	物
22	起重机械垫板等附件不符合要求	设备损坏	起重机械垫板等材质应符合设计要求	物
23	吊装钢丝绳安全系数不够	人身伤亡 设备损坏	吊装钢丝绳安全系数应6倍以上	物
24	起重机械安全装置失效或不齐全	人身伤亡 设备损坏	起重机械的各种安全防护和保险装置及各种安全信息装置齐全有效，保证起重机械正常运行	物
25	同一区域作业时起重机械的安全距离不够	设备损坏 电网停电	多台起重机械在同一区域作业时，前后、左右、上下应保持安全距离	环境
26	夜间施工无照明或照明不足	人身伤亡 设备损坏 电网停电	施工现场夜间应具有足够的照明设施，保证照明充足，照明不足时禁止施工	环境
27	遇六级及以上大风、大雨、大雪、雾霾等恶劣天气施工	人身伤亡 设备损坏 电网停电	遇六级及以上大风、大雨、大雪、雾霾等恶劣天气禁止吊装作业	环境
28	吊装过程中吊装机械、吊件与带电体空间安全距离不足	人身伤亡 设备损坏 电网停电	在临近带电区域开展吊装作业，不满足作业要求时，应停电的设备必须停电，吊装机械、吊件与带电部分保持足够的安全距离	环境

第二节 变电施工现场吊装作业“五步法”

变电施工现场吊装作业“五步法”具体对应的步骤为：第一步，现场勘查；第二步，空间安全距离校核；第三步，编制施工方案；第四步，作业准备；第五步，现场管控。具体要点及要素如下。

一、现场勘查

1. 勘查要点

（1）吊装作业涉及的场所和设备。

（2）停电范围、保留的带电设备。

（3）工作地点、站车位置以及吊件摆放区地点。

（4）吊装作业与带电体、设备、构筑物的空间安全距离。

（5）电缆管沟、吊车接地点、支腿支点的位置。

（6）危险点分析，开展基本、全面的风险评估。

（7）吊件尺寸、吊点选择。

（8）视野、风力情况等自然条件。

2. 勘查记录

勘查完毕后形成勘查记录，作为编制吊装作业方案的依据。勘查记录示例见表 9-2。

表 9-2　　勘查记录示例

<table>
<tr><td>勘查单位</td><td>填写参与勘查的单位</td><td>编号</td><td>填写勘查单号，如 001，
一张不够时增加编号</td></tr>
<tr><td>勘查负责人</td><td colspan="3">填写作业单位参加现场勘查的负责人姓名</td></tr>
<tr><td>勘查人员</td><td colspan="3">填写所有参加现场勘查的人员单位名称及人员姓名（人员姓名由本人签名）</td></tr>
<tr><td colspan="4">勘查的线路或设备的双重名称（多回应注明双重称号）：填写本现场勘查记录表涉及的线路或设备的双重名称</td></tr>
<tr><td colspan="4">工作任务（工作地点或地段以及工作内容）：填写本现场勘查记录表对应的作业任务，复杂的、综合性的、首次开展的、大型的、技术难度高的作业应一项作业任务填写一张记录，其余类作业可按需对应多个作业任务</td></tr>
<tr><td rowspan="6">现场勘查内容</td><td colspan="3">（1）需要停电的范围：填写本现场勘查记录表对应的作业任务所需停电范围</td></tr>
<tr><td colspan="3">（2）保留的带电部位：填写本现场勘查记录表对应的作业任务工作地点周边保留的带电部位</td></tr>
<tr><td colspan="3">（3）作业现场的条件、环境、风险及其他危险点：吊装作业周边邻近线路、交叉跨越、多电源、自备电源、地下管线设施情况，道路通行情况，周边建筑物情况，当地气候情况及其他影响作业的危险点</td></tr>
<tr><td colspan="3">（4）应采取的安全措施：填写本张现场勘查记录表对应的作业任务应采取的安全措施，一般性的安全措施不必重复填写</td></tr>
<tr><td colspan="3">（5）附图与说明：吊车站位、吊件堆放地点及其他关键要素需进行附图和说明或采用单独附件进行附图并说明</td></tr>
<tr><td colspan="3">（6）需增加的工作内容：填写本张现场勘查记录表对应的停电设备可配合开展的未在原计划工作任务中的缺陷处理、反措等工作内容</td></tr>
</table>

二、空间安全距离校核

空间安全距离校核要点如下。

（1）工作负责人、起重指挥、吊车操作负责人，根据现场实际情况开展。

（2）校核起重机械、物件与作业区域构筑物、带电设备的空间安全距离。

（3）核算吊臂伸展幅度、回转半径、吊装角度。

（4）校核吊物空间移动轨迹的幅度和带电设备的安全距离，如图 9-1 所示。

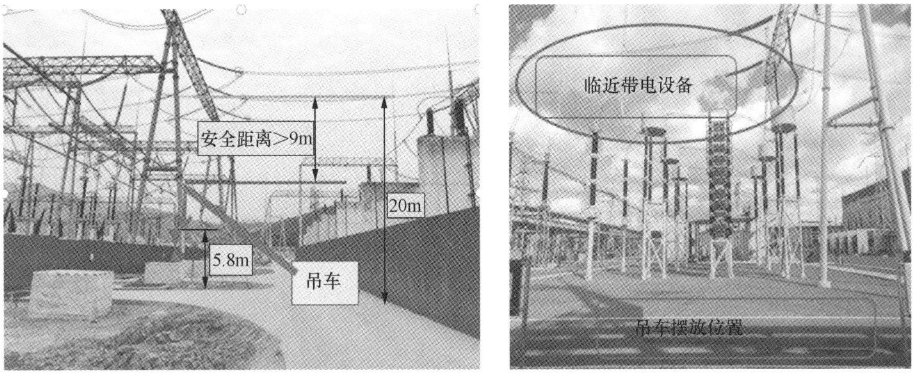

图 9-1　空间安全距离校核

三、编制施工方案

编制施工方案的关键要素如下。

（1）停电设备及范围，保留的带电部分，应采取的安全措施。

（2）吊装物件重量、尺寸、重心等参数。

（3）吊装机械、吊索吊具型号、数量；吊装方式、方法；绑扎方式、方法。

（4）危险点分析、风险分析和预防措施。

（5）吊装作业施工图纸内容等；对臂长、伸展幅度、吊装角度，回转半径，应保持的空间安全距离开展校核，并绘制示意图，如图 9-2 所示。

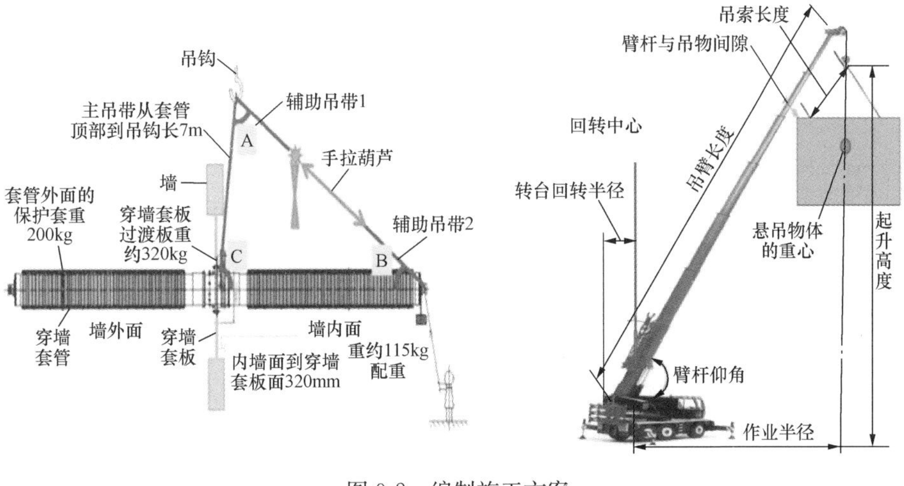

图 9-2　编制施工方案

（6）吊装作业指挥人员、操作人员配置。

四、作业准备

作业准备要点如下。

（1）需求及吊装作业计划安排，组织协调技术技能、数量、资质满足作业要求的作业人员。

（2）人员报审、工作票等作业文件准备。人员的特种作业操作证如图 9-3 所示。

（3）吊装机械、吊索吊具等起吊物资准备。

（4）作业所需工器具（包括专用工具）准备。

（5）材料（装置性、消耗性）满足作业要求。

（6）吊装作业施工方案已通过审批，工作票手续已办理。

图 9-3　人员的特种作业操作证

五、现场管控

现场管控要点如下。

（1）核实现场安全措施是否满足作业要求。

（2）再次核实现场吊装机械、吊索吊具、工器具是否齐备，是否满足作业要求；起重指挥、操作，高处作业人员资质是否齐备。

（3）观察吊装机械布置、支撑是否满足作业要求，发现异常立即制止纠正。

（4）指挥人员、操作人员、监护人是否正确履职。

（5）吊装机械、吊件与作业区域构筑物间是否满足空间安全距离。

（6）负责人、监护人始终在作业现场开展指导、监督、检查，及时纠正违章和不规范行为。

（7）对违反吊装作业“十不吊”的行为必须停止现场作业。

第三节　变电施工现场吊装作业典型场景安全风险管控措施

一、临近带电体吊装作业

临近带电体吊装作业如图 9-4 所示。为避免出现作业安全距离不足、安全距离管控不到位等问题，尽可能减少引发人身伤亡、设备损坏、电网停电等事故的可能，应采取一系列管控措施，具体如下。

（1）针对现场实际情况选择合适的吊装机械，吊装前应对吊车性能进行检查。

（2）工作负责人应专门对吊装机械操作人员进行电力相关安全知识培训和交代作业安全注意事项。指挥和操作人员对带电运行区域工作要求应熟悉掌握。

（3）作业全程，设备运维单位应安排专人在现场旁站监督。

（4）吊装机械应安装接地装置，接地线应用多股软铜绞线，截面积不应小于 $16mm^2$，并满足接地短路容量的要求。

（5）移动式吊装机械长期或频繁地靠近架空线路或其他带电体作业时，应采取隔离防护措施。

（6）起重臂不应跨越带电设备或线路进行作业。

（7）工作期间应与带电体保持足够安全距离在临近带电体处吊装作业时，应注意吊装机械臂架、吊具、辅具、钢丝绳及吊物等与带电体的距离。吊装机械操作正常活动范围与带电设备的安全距离见表 9-3。

图 9-4　临近带电体吊装作业

表 9-3　　吊装机械操作正常活动范围与带电设备的安全距离

电压等级/kV	安全距离/m	电压等级/kV	安全距离/m
≤10	3.00	1000	13.00
20～40	4.00	±50 及以下	4.50
60～110	4.50	±400	8.50
220	6.00	±500	10.00
330	7.00	±660	12.00
500	8.00	±800	13.10
750	11 00		

注 1. 750kV 电压等级的数据是按海拔 2000m 校正的，其他电压等级数据按海拔 1000m 校正。
2. 表中未列电压等级按高一挡电压等级的安全距离执行。

二、多机吊装

在多台吊装机械共同抬吊一个重物时，由于各吊装机械之间的相互运动可能产生作用于起重机械、重物和吊索上的附加载荷，或者由于工作不同步，吊装载荷不能完全平均地分摊到各台吊装机械上，因此指挥操作尤其需要小心，避免造成倾覆、设备损坏等事故的发生。

双机抬吊如图 9-5 所示，多机抬吊的管控措施如下。

（1）宜选用额定起重量相等和相同性能的吊装机械，严禁超负荷使用。

（2）双机抬吊时各台吊装机械所承受的载荷不得超过本身 80％的额定载荷。特殊情况下，应制定专项安全技术措施，经企业技术负责人和总工程师审批，企业技术负责人应现场旁站监督实施。

（3）选取吊点时，应根据各台吊装机械的允许起重量按计算比例分配载荷。

（4）确认站车位置后应进行试吊。

（5）抬吊过程中，各台吊装机械吊钩钢丝绳应保持垂直，保持各台吊装机械受力大小和方向变化最小，升降、回转、变幅应缓慢且保持同步。

（6）两台及两台以上起重机械抬吊重物时，指挥人员应站在能看到吊装全貌并被所有作业人员看到的位置，便于直接指挥各个工作岗位。

（7）两台及两台以上吊装机械抬吊吊件时，应明确各台吊装机械的起始承载和就位卸载顺序。

图 9-5　双机抬吊

三、超高、超远吊装

在实际工作现场，可能会出现一些特殊要求，吊装机械的工作状况处于超高超远条件下进行，起重机操作人员视野受限，极易发生起重事故，如图 9-6 所示的直流穿墙套管吊装。此类吊装作业的管控措施如下。

（1）根据吊装情况选用相适宜的吊装机械，适当提高吊装机械裕度、确定站车位置。

（2）使用对讲机指挥，保证指挥信号畅通，避免多人传递信号方式指挥作业。

（3）向起重机司机明确量化操作幅度等。

图 9-6　直流穿墙套管吊装

四、复杂环境吊装

吊装作业面四周构筑物紧凑或在室内狭小空间吊装作业时，存在误碰和触电风险，如图 9-7 所示为狭小空间吊装，此类吊装作业的管控措施如下。

（1）会同吊装机械操作人员到现场进行勘查，制定专项吊装作业施工方案。

（2）吊装机械、吊具的选用需认真计算、验算。

（3）作业时技术负责人应在场指导，加强作业过程监护。

（4）当吊装作业，特别是吊装体积大，重量重，长度长的物件时，为防止物件摆动，应在物件上拉设缆风绳，安排专人牵引制动，随吊车的摆动平稳移位。

图 9-7　狭小空间吊装

五、超长物件吊装

吊装超长物件时，若捆扎及控制不当，容易发生吊物滑脱，造成人员及财产损失。超长物件吊装如图 9-8 所示，此类吊装作业的管控措施如下。

（1）捆扎时应使用工具 U 型环，不得用吊带直接内穿固定。

（2）两端吊装带必须是单独两根，不得接成一根挂钩。

（3）其中一根吊装带使用手拉葫芦调平。

（4）两端都要使用缆风绳控制。

六、高危复杂场所吊装

在采用 GIS、GIL 设备的变电站扩建工程，吊物不可避免地会跨越运行的封

图 9-8　超长物件吊装

闭管型母线，起吊高度不足或起重机械安全裕度不足都可能使吊物碰撞到带电运行的封闭管型母线，造成母线跳闸事故。GIS、GIL 设备吊装如图 9-9 所示，此类吊装作业的管控措施如下。

（1）提前确定吊装机械站车位置，尽量靠近安装位置，根据距离及设备重量适当提高吊装机械能力裕度。

（2）使用的全部吊具在应检查完好。

（3）作业过程中应有专人监护。

（4）查阅图纸，利用测距仪确定跨线高度，确定吊臂最大高度。

（5）操作视线不受限，时使用对讲机指挥，保证指挥信号畅通。

图 9-9　GIS、GIL 设备吊装

七、变压器吊罩

变压器吊罩作业涉及工种，工序衔接多，如果管控不到位，造成人员及财产损失。变压器吊罩如图 9-10 所示，此类吊装作业的管控措施如下。

（1）吊车站位确定后应进行模拟试吊；吊臂应伸出足够长度，起吊过程中不得进行伸缩吊臂操作。

（2）起吊前吊钩吊点须与钟罩重心重合。

（3）吊车受力接近钟罩重量时，应停止操作，防止钟罩突然弹起造成伤害，此时用撬棍撬动钟罩与下节油箱之间缝隙，确定大罩与油箱密封垫之间全部分离后，再开始操作。

（4）种罩离开下节油箱前，四角应使用尖撬棍插入螺栓孔定位，钟罩离开下节油箱 100mm 后，应暂停。检查吊装机械无异常、地基稳定无下陷吊索具连接牢固可靠、吊点无偏斜等后，方可指挥吊车继续平稳起吊，用四角揽风绳控制钟罩整个起到过程始终不磕碰变压器内支架等配件。

（5）在芯部检查过程中，大罩应离开铁芯上方并放置在地面。

图 9-10　变压器吊罩

八、使用抱杆进行设备吊装

一些设备吊装需要使用抱杆进行，这主要是因为吊装作业面四周均有运行设备，无常规起重机械（吊车）的作业空间。比如，抱杆吊装如图 9-11 所示，此类作业存在误碰和触电风险，其管控措施如下。

（1）认真到现场进行勘查，制定专项施工方案。

（2）人力扒杆、吊具的选用需认真计算仔细验算。

（3）作业时技术负责人在场指导，加强吊装作业过程监护。

（4）吊装时需要注意保护绝缘子，防止扳手或导线碰坏绝缘子。

（5）人力扒杆固定在设备支架杆上，再用揽风绳固定好。

（6）把手拉链条葫芦固定在人力扒杆顶部，用吊带将设备上节固定，再用手拉链条葫芦开展吊装。

（7）为防止物件摆动，应在物件上拉设缆风绳。

图 9-11　抱杆吊装

九、使用非常规设备进行吊装作业

使用非常规设备进行吊装作业，是因为吊装作业面四周均有运行设备，无起重机械作业空间，存在误碰和触电风险。非常规吊装如图 9-12 所示，此类作业的管控措施如下。

（1）认真到现场进行勘查，制定专项施工方案。

（2）叉车操作工必须经过专业培训，通过安全生产监督部门的考核，取得特种作业操作证，严禁无证操作。

（3）严格遵守操作规程，熟悉车辆性能和操作区域道路情况。

（4）同周围设备保持足够的安全距离。

（5）对重心较高的设备进行固定。

（6）移动操作时起步平稳，车速缓慢，制动平稳。

（7）移动前应确认重物固定牢固可靠。

（8）叉车上不准载人。

（9）叉车的起重升降或行驶时，禁止人员站在货叉上把持物品和起平衡作用。

（10）叉载物品时，应按需调整两货叉间距，使两叉负荷均衡，不得偏斜，物品的一面应贴靠挡物架。

（11）在装卸重物过程中，必须用制动器制动叉车。

（12）禁止超载，禁止用货叉举升人员从事高处作业，以免发生高空坠落事故。

图 9-12　非常规吊装

第十章

变电施工现场吊装作业典型案例分析

电力吊装作业事故发生的种类和形式多种多样，原因也不尽相同，但总结以往电力生产事故事件教训，对减少事故发生是必要的。

第一节 吊装作业事故原因分析

发生起重作业事故的主要原因有人、物（机）、环境、管理四个方面。

一、人的方面

（1）对作业环境危险源认识不足。

（2）作业人员技能素养不足，操作失误。

（3）无安全防护用品或使用不当。

（4）指挥失误、作业人员之间配合不当、信号不明确、信号中途中断、错误信号。

（5）监护不到位。

（6）违反安全操作规程。

二、物（机）的方面

（1）超负荷工作。

（2）吊物未捆绑牢固、方法不正确。

（3）起重用钢丝绳、吊索等工器具选用不当、钢丝绳脱扣或折断。

（4）棱角、快口未作保护。

（5）起重机械、设备、工器具等有故障（带病使用）、制动器失灵。

（6）起重机械零部件损坏引起的事故。

三、环境方面

（1）吊装机械回转半径范围内逗留或通过。

（2）作业场所路面不实，吊装机械对地压力达不到额定值；地形不平或在对地基条件不明情况下进行工作。

（3）在恶劣天气进行违规作业。

（4）同带电设备安全距离不足。

四、管理方面

（1）作业人员无证上岗。

（2）超载、抬吊等作业无专项施工方案。

（3）未进行安全技术交底就进行作业。

（4）安全措施落实不到位。

（5）起重机械维护保养不当，未做试验或试验不合格就开展作业。

第二节 电力建设吊装作业典型案例分析

一、运行区域吊装作业典型违章造成的事故案例

【案例 10-1】 国网重庆电力 2021 年“10·14”事故

1. 事故经过

2021 年 10 月 14 日，国网重庆电力公司在开展 500kV 石坪变电站 220kV 母联 212 间隔 HGIS Ⅰ段母线侧套管及附件安装工作时，吊车司机和专责监护人认为从停用的 220kV Ⅰ段架空管型母线下方进行吊装不方便，临时决定采用越过 220kV Ⅰ段架空管型母线上方进行吊装（Ⅰ段架空管型母线上方为带电的 220kV Ⅱ段母线 TV 引流线），吊装至 220kV Ⅱ段母线 TV 引流线 A 相和 B 相导线之间时，吊物与 B 相引流线放电（吊车与带电的Ⅱ段架空管型母线由于安全距离不足击穿放电）造成 220kV Ⅱ段母线跳闸。220kV Ⅱ段母线的故障造成 5 座 220kV 变电站、17 座 110kV 变电站失压。现场照片如图 10-1 所示。

起吊地点平面示意图及安全吊装方式剖面、实际吊装方式剖面示意图分别如图 10-2～图 10-4 所示。

2. 暴露的问题

（1）现场勘查不到位。吊车司机和专责监护人对运行变电站运行方式不熟悉，没有意识到Ⅰ段架空管型母线上方为带电的 220kV Ⅱ段母线 TV 引流线。

（2）擅自变更作业方式。临时决定采用越过 220kV Ⅰ段架空管型母线上方的方式进行吊装。

（3）施工单位现场工作组织不力，安全管理混乱，专人安全监护形同虚设。

图 10-1 现场照片

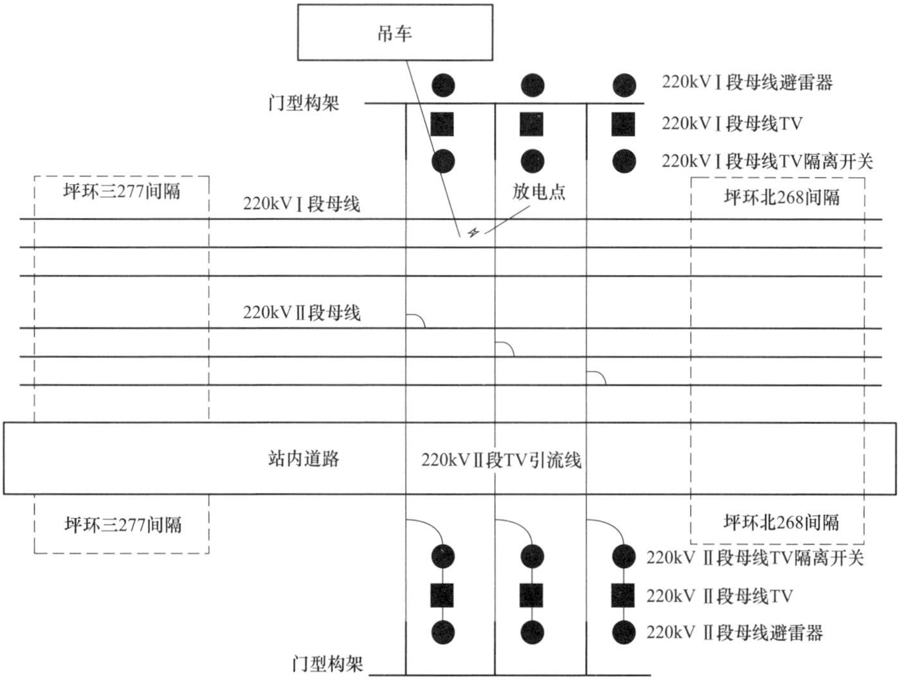

图 10-2 起吊地点平面示意图

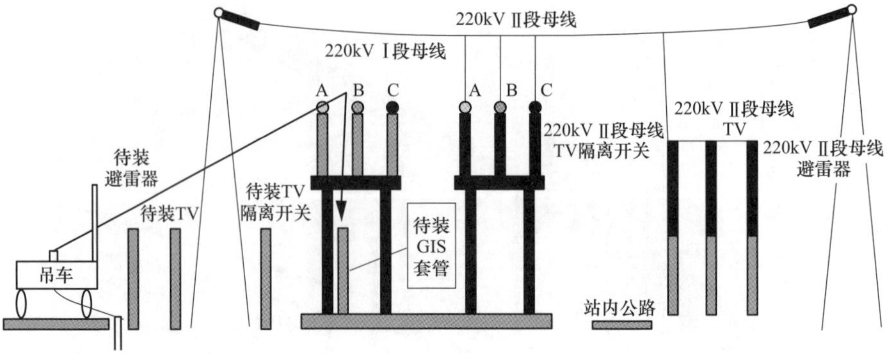

图 10-3　安全吊装方式剖面示意图（220kV 母联 212 ）

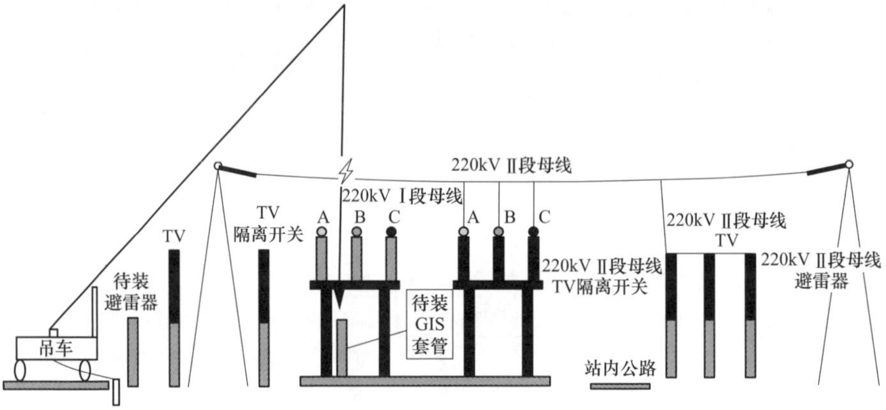

图 10-4　实际吊装方式剖面示意图（220kV 母联 212 ）

【案例 10-2】 惠州供电局 2010 年“7・19”事故

1. 事故经过

2010 年 7 月 19 日，在广东电网惠州供电局 500kV 惠州变电站综合改造施工中，进行 220kV 5M 母线电压互感器 225TV、225TV 隔离开关及 225TV 与避雷器之间连线的更换工作。在吊装 225TV C 相时，吊车吊臂伸展移动过程中顶到 220kV 5M B 相管型母线，造成 B 相管型母线支柱绝缘子折断，B 相管型母线部分落在母线构架上，导致 5M B 相管型母线与惠仲乙线等间隔 5M 侧隔离开关距离不足（惠仲乙线挂Ⅱ段母线运行）对地放电，引起 220kV 2M 母线差动保护动作跳开 220kV 2M 母线上所有断路器。造成 8 个 220kV 站失压，32 个 110kV 站失压，事故直接造成惠州站 220kV 5M 约 104m B 相管型母线、8 支 B 相母线支柱绝缘子和若干金具损坏。受损的 220kV 5M B 相管型母线如图 10-5 所示。

图 10-5 受损的 220kV 5M B 相管型母线

在做抢修准备工作中，另一吊车司机罗某某将肇事吊车驶离 225 TV 现场，开至 3 号主变压器 220kV 进线间隔，在吊车调整吊臂时，由于与 3 号主变压器 220kV 进线断路器的 A 相 TA 之间的跨线距离不足，导致跨线对吊臂放电，放电位置如图 10-6 所示。因而造成空载运行的 3 号主变压器失灵保护动作，跳开 500kV 进线及 35kV 进线间隔断路器（220kV 进线断路器已在分闸位置）。同时电弧将 3 号主变压器 220kV 进线 B 相断路器外绝缘瓷套打烂，造成 3 号主变压器 220kV 进线间隔 A、B 相 TA 和 22035 隔离开关损伤，造成事件扩大。

图 10-6 放电位置

2. 事件暴露的主要问题

(1) 项目单位在执行大修技改制度的流程与管理上存在漏洞。各级管理人员对本次复杂、高风险的综合改造项目重视不够，管理不到位。对项目实施过程缺乏安全细节性管控，过分依赖变电站的实施落实，导致项目管理存在漏洞，未能全面掌握项目管理的风险，未能及时指出项目管理过程中存在的问题。

(2) 项目单位对施工方案审查流于形式，没有发现施工单位编写的施工方案不完善和套用抄袭现象。施工方案审查人员未能全面辨识作业对设备造成危害的风险，没有现场勘查施工作业过程中存在的各种隐患。

(3) 项目单位对大修技改工程的管理方法不细，对施工单位管理不到位，存在思想麻痹、以包代管现象。各级管理人员安全意识淡薄，没有认真开展施工现场的作业安全风险评估，现场组织、技术、安全措施不到位，安全技术交底流于形式。

(4) 施工方案安全措施不完整，导致风险难于控制。施工单位在施工方案编制前没有认真勘查施工现场，导致施工方案存在严重漏洞，作业过程风险无法有效管控。

(5) 施工单位现场工作组织混乱。施工单位工作安排不合理，人员安排随意性大。特种作业人员不熟悉作业环境和设备状况、业务水平低下、违规操作，以致施工现场失控。事发后，施工单位现场负责人应急处置经验不足，在没有得到清晰指令的情况下，擅自命令吊车返回事发现场，导致后果扩大。

(6) 施工单位违章作业，违章指挥。施工单位现场工作组织不力，安全管理混乱，专人监护形同虚设。吊装工作指挥人员资质达不到要求，违规参与作业，致使吊车操作失去专人指挥，吊车司机不能正确判断吊装设备的位置，无法安全、准确地将设备放到预定的位置。

(7) 运行单位对施工单位管理不到位，事发后，没有有效控制现场，应急处置不当。施工项目安排密度过大，增加了现场运行人员管控难度，分散了管理人员精力，监护人员指派不当，导致现场监护不到位。事发生后，应急处理不当，未能严格按照《中国南方电网有限责任公司电力事故事件调查规程》要求控制现场，未能采取有效措施控制事故扩大。

(8) 运行单位人员应急技能不高，制度宣贯、培训和应急演练效果不明显，各级管理人员、班组人员未能熟练掌握《中国南方电网有限责任公司电力事故事件调查规程》、应急处置等一系列规定的能力，事发后忙于其他救急，没有意识到保护现场的重要性和必要性，导致后果扩大。

3. 事件暴露的共同问题

(1) 对复杂、高风险的综合改扩建项目重视不够，管理不到位。

（2）组织现场勘查不到位。

（3）施工方案编制不到位、存在严重漏洞，同时审查、审批流于形式、把关失效。

（4）施工现场工作组织不力，安全管理混乱。

（5）特种作业人员不熟悉作业环境和设备状况、业务水平低下、违规操作，违章作业，违章指挥。现场监护不到位，专人安全监护形同虚设。

（6）未认真开展施工现场的作业安全风险评估，现场组织、技术、安全措施不到位，安全技术交底流于形式。

（7）作业过程中擅自变更作业方式。

二、起重机械倾覆导致的事故

【案例 10-3】 施工单位吊车侧翻

1. 事故经过

2021 年×月×日，在海南省文昌市迈号高速路口海南省交通厅下属交通建设工程局负责的 G360 国道施工现场，中国铁建昆仑投资集团有限责任公司国道 G360 文昌至定安段公路代建指挥部招标的某施工单位，在进行某 220kV 线路迁改工程项目施工作业中，发生一起施工单位吊车侧翻压到两名施工人员的事故，如图 10-7 所示，造成两人当场死亡。据现场信息，文昌当地因连续两个台风影响，降雨量大造成土地松软，吊装机械起吊过程由于操作不当引起支腿地面下陷倾斜侧翻。

图 10-7　施工单位吊车侧翻

2. 暴露的问题

（1）吊装的前期风险管控现场作业风险评估不到位，对吊装机械作业地质情况不掌握，支腿地面下陷倾斜侧翻。

（2）吊装过程中存在的超重、重量不明盲目起吊的行为。

（3）未按施工方案执行。

（4）吊装操作和指挥人员违章作业、违章指挥。

（5）重大吊装作业，从施工方案制定、资质审核、吊装机械状况、现场实施等检查审核把关不严。

第三节　电力建设吊装作业典型成功案例分析

【案例 10-4】 复杂区域 500kV GIL 管型母线吊装

1. 案例说明

本案例的工作内容为 500kV 富宁变电站二期扩建工程 500kV 4 号联络变压器 GIL 管型母线临近带电体吊装。新增 500kV GIL 管型母线位置走向如图 10-8 所示。

图 10-8　新增 500kV GIL 管型母线位置走向

根据现场勘查情况，500kV 4 号联络变压器 GIL 管型母线在安装过程中，同运行的 500kV 富砚甲线、500kV 富武甲线、500kV 3 号联络变压器带电部分安全距离不满足《电力安全工作规程》规定，因系统及供电可靠性的要求，GIL 管型母线安装途经 500kV 富砚甲线、500kV 富武甲线、500kV 3 号联络变压器均无法配合停电安装。现场勘查场景如图 10-9 所示。

为确保施工进度及安全，项目部及时调整施工方案，在安全距离不足段（按《电力安全工作规程》要求需停电的部位）采取脚手架搭设施工平台。

图 10-9　现场勘查场景

施工平台示意图如图 10-10 所示。

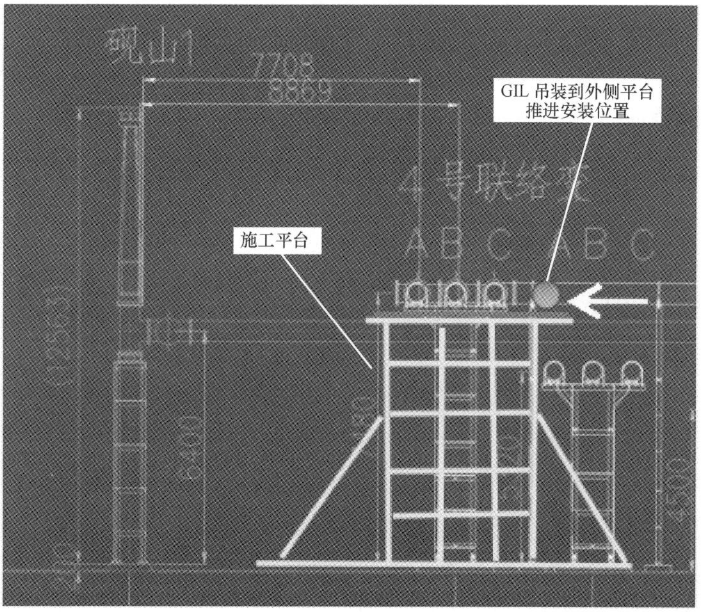

图 10-10　施工平台示意图

平台上布置液压支撑转运车，先在相邻停电间隔用吊车将待安装的 GIL 管型母线逐段吊装到液压支撑转运车上，再人工向安装位置逐段推移、拼接，最后完成全部 GIL 管型母线安装，如图 10-11 所示。

图 10-11　GIL 管型母线安装

2. 成功经验

(1) 及时根据实际情况调整施工方案，优化各专业力量，共同组织完成施工方案编制，电气安装专业编制吊装方案；土建专业计算脚手架受力，并编制脚手架搭设方案。

(2) 两个专业人员共同完成施工方案实施，土建专业负责脚手架搭设，电气专业完成 GIL 管型母线吊装。

(3) 非常规吊装（临近带电体），导致安全风险增大，现场安全管控人员、安全措施投入比停电吊装作业相应增加。

(4) 保证系统及供电可靠性，工期比常规停电吊装增加 1 倍。

3. 成功的吊装作业必须具备的条件

根据上述成功工程来看，成功的吊装作业必须具备以下条件。

(1) 现场勘查到位完善，包括作业环境、作业对象、存在风险等勘查认真细致。

（2）施工方案编制针对性、实用性和可操作性强，包括工程量、进度计划、工序流程、起重设备的选择、吊索具的选用、作业过程中的注意事项等。

（3）分层分级对施工方案进行严格审核审批，确保没有纰漏。

（4）严格执行施工方案，不得擅自更改施工方案，各岗位人员履职到位，压实责任落实。

第十一章

变电施工现场吊装作业故障后应急处置措施

第一节　吊装作业事故起因及后果

一、可能的事故起因

（1）作业人员患有高空禁忌症，作业时身体情况突然不适。

（2）作业人员准备不充分、精力不集中或情绪不稳定。

（3）作业人员未按预定方案实施作业项目，与地面作业人员配合不当。

（4）作业人员违反操作规程，未使用或未正确使用安全防护用品。

（5）气候条件出现异常，如突起大风、暴雨、冰雹、起霜等。

（6）违章指挥，或指挥错误，或指挥信号不明确。

（7）工作平台不牢固或安全防护设施不完善。

（8）吊车倾覆，钢丝绳断裂，吊物脱落等。

二、事故后可能的后果

事故后可能的后果有人员高空坠落、物体打击、人员伤亡、机械伤害、财产损失等。

第二节　吊装作业事故应急处置

一、应急准备

（1）项目部成立应急准备和响应领导小组，负责组织协调吊装作业事故的抢救和处理。

（2）应急总指挥由公司的生产副经理担任；事故现场指挥由项目经理担任。

（3）应收集并整理与外部相关机构的紧急处置联系方式，见样表 11-1。

表 11-1　　应急处置联系方式

一、现场附近相关应急信息			
序号	单位/部门	地址	电话
1	医院		
2	卫生院		
3			

二、社会应急电话			
1	火警：119	3	救护：120
2	治安：110	4	天气：121

三、项目部应急管理人员通讯录						
序号	姓名	职位	岗位	手机号码	办公电话	邮箱
1		组长	项目经理			
2		组员	项目副经理			
3		组员	项目总工			
4		组员	安全专责			
5		组员	后勤专责			

四、公司职能部门负责人通讯录				
序号	姓名	职位	手机号码	办公电话
1				
2				

二、应急响应程序

（1）当发生吊装作业事故时，事故现场施工项目负责人应立即组织进行现场救护（如采取心肺复苏、止血包扎等），同时拨打 120 请求急救；并及时向工程负责人（项目经理）报告事故情况。

（2）发生事故的现场应停止所有工作，由现场负责人组织，除部分参加救护的人员外，其余施工人员全部撤离现场。

（3）工程负责人（项目经理）在得知事故情况后，应立即向公司和安全管理部门进行汇报，并及时拨打当地 110 向公安机关报警，对事故造成人员死亡的，请求现场鉴定死因。

（4）对事故造成人员死亡的，应在当地公安机关取证鉴定后，由工程负责人（项目经理）负责组织，及时将死者尸体运到当地殡仪馆冷藏，等待处理。

（5）项目部在进行现场事故调查的同时，应通知伤亡人员的家属前往事故地点进行探望或验尸，并组织好相关事宜。

（6）清理事故现场，做好事故的善后处理工作。

三、资源配置及其他

(1) 项目部需有车辆备用，并进行经常性维护、保养，保证在任何时候都能出车，项目部备有照相、录像、录音及相关人员。

(2) 应急领导小组有权调动项目部的人力、技术、机具及设备资源。因事先准备应急设备及药物清单，见表 11-2。

表 11-2　　应急设备及药物清单

序号	设备名称	数量	负责人	用途	存放地点	备注
1	救护车	1 辆		急救	项目部	可用项目部配车
2	担架	1 副		急救	项目部	
3	止血类	若干		急救	急救箱	
4	药棉	若干		急救	急救箱	
5	医用胶布	2 卷		急救	急救箱	
6	双氧水	1 瓶		急救	急救箱	
7	绷带	若干		急救	急救箱	
8	医用酒精	1 瓶		急救	急救箱	
9	消毒纱布	10 包		急救	急救箱	
10	消毒类	若干		急救	急救箱	
11	氧气袋	3 袋		急救		
12	中暑药品	若干		急救	急救箱	
13	湿毛巾	若干		急救	项目部	
14	灭火器	若干		灭火	项目部	
15	灼伤药	若干		急救	急救箱	
16	应急灯手电筒	若干		抢修	项目部	
17	潜水泵	4		抢修	项目部	

四、人身伤亡事故现场应急处置原则

人身伤亡按其严重程度，可分为轻伤、重伤、死亡。项目部进行现场应急救援小组接到施工现场及其他与有关的工作场所发生人身伤亡的报告后，应根据伤者情况及时向业主应急领导小组组长和公司应急领导小组组长汇报事故发生的原因、地点、伤亡情况，其中 若有人员死亡，则必须报至当地应急管理局。在上级应急领导小组未到来前，由现场应急救援小组组长根据突发事件的严重程度、发展趋势、可能后果和应急处理的需要，按照应急方案处置。

进入应急状态后应立即用最快方式通知工作组人员迅速集结，并立即通知施工现场各班组长立即停止施工生产工作，组织现场救护人员对伤者进行救助，根据伤者情况立即拨打120急救电话通知专业救护人员迅速赶到事发现场，并组织其他无关人员进行撤离，保护好事故现场。

紧急救护的基本原则是在现场采取积极措施保护伤员生命，减少痛苦，并根据伤情需要，如轻伤应迅速联系当地120急救中心或医疗部门救治，急救的成功条件是动作快，操作正确，任何拖延和操作错误都会导致伤员伤情加重或死亡，现场急救人员要认真观察伤员全身情况，防止伤情恶化。发现呼吸、心跳停止时，应立即在现场就地抢救，用心肺复苏法支持呼吸和循环，对脑、心重要脏器供氧。

五、常见的事故现场应急处置

1. 发生高处坠落、物体打击事故应急救援

当发生高处坠落物体打击事故后，抢救的重点放在对休克、骨折和出血上进行处理。

（1）发生高处坠落物体打击事故，应马上组织抢救伤者，首先观察伤者的受伤情况、部位、伤害性质，如伤员发生休克，应先处理休克。遇呼吸、心跳停止者，应立即进行人工呼吸，胸外心脏按压。处于休克状态的伤员要让其安静、保暖、平卧、少动，并将下肢抬高约20°，尽快送医院进行抢救治疗。

（2）出现颅脑损伤，必须维持呼吸道通畅。昏迷者应平卧，面部转向一侧，以防舌根下坠或分泌物、呕吐物吸入，发生喉阻塞。有骨折者，应初步固定后再搬运。遇有凹陷骨折、严重的颅底骨折及严重的脑损伤症状出现，创伤处用消毒的纱布或清洁布等覆盖伤口，用绷带或布条包扎后，及时送就近有条件的医院治疗。

（3）发现脊椎受伤者，创伤处用消毒的纱布或清洁布等覆盖伤口，用绷带或布条包扎后。搬运时，将伤者平卧放在帆布担架或硬板上，以免受伤的脊椎移位、断裂造成截瘫，招致死亡。抢救脊椎受伤者时，严禁只抬伤者的两肩与两腿搬运或单肩背运。

（4）发现伤者手足骨折，不要盲目搬动伤者。应在骨折部位用夹板把受伤位置临时固定，使断端不再移位或拉伤肌肉，神经或血管。固定方法为以固定骨折处上下关节为原则，可就地取材，用木板、竹头等，在无材料的情况下，上肢可固定在身侧，下肢与腱侧下肢缚在一起。

（5）遇有创伤性出血的伤员，应迅速包扎止血，使伤员保持在头低脚高的卧位，并注意保暖。正确的现场止血处理措施。

（6）一般伤口小的止血法是先用生理盐水（0.9%NaCl溶液）冲洗伤口，涂

上红汞水，然后盖上消毒纱布，用绷带较紧地包扎。

（7）加压包扎止血法是用纱布、棉花等制作成软垫，放在伤口上再加包扎，来增强压力而达到止血。

（8）止血带止血法是选择弹性好的橡皮管、橡皮带或三角巾、毛巾、带状布条等，上肢出血结扎在上臂上 1/2 处（靠近心脏位置），下肢出血结扎在大腿上 1/3 处。结扎时，在止血带与皮肤之间垫上消毒纱布棉垫。每隔 25～40min 放松一次，每次放松 0.5～1min。

（9）动用最快的交通工具或其他措施，及时把伤者送往邻近医院抢救，运送途中应尽量减少颠簸。同时，密切注意伤者的呼吸、脉搏、血压及伤口的情况。

2. 触电事故救援

（1）当事故发生后现场有关人员首先要尽快使触电者脱离电源。

1）脱离电源的基本方法。

a. 拉开事故点最近的开关或将电源插头拔掉，以切断电源。

b. 用干燥的绝缘木棒、竹竿、布带等物将电源线从触电者身上拨离或者将触电者拨离电源。

c. 必要时可用绝缘工具（如带有绝缘柄的电工钳、木柄斧头以及锄头）切断电源线。

d. 救护人可戴上手套或在手上包缠干燥的衣服、围巾、帽子等绝缘物品拖拽触电者，使之脱离电源。

e. 如果触电者由于痉挛手指紧握导线或导线缠绕在身上，救护人可先用干燥的木板塞进触电者身下使其与地绝缘来隔断入地电流，尽快采取其他办法把电源切断。

2）在使触电者脱离电源时应注意的事项。

a. 未采取绝缘措施前，救护人不得直接触及触电者的皮肤和潮湿的衣服。

b. 严禁救护人直接用手推、拉和触摸触电者；救护人不得采用金属或其他绝缘性能差的物体（如潮湿木棒、布带等）作为救护工具。

c. 在拉拽触电者脱离电源的过程中，救护人宜用单手操作，这样对救护人比较安全。

d. 当触电者位于高位时，应采取措施预防触电者在脱离电源后坠地摔伤或摔死（电击二次伤害）。

e. 夜间发生触电事故时，应考虑切断电源后的临时照明问题，以利救护。

（2）触电者未失去知觉的救护措施。应让触电者在比较干燥、通风暖和的地方静卧休息，并派人严密观察，同时请医生前来或送往医院诊治。

（3）触电者已失去知觉但尚有心跳和呼吸的抢救措施。应使其舒适地平卧着，解开衣服以利呼吸，四周不要围人，保持空气流通，冷天应注意保暖，同时立即请医生前来或送往医院诊治。若发现触电者呼吸困难或心跳失常，应立即施行人工呼吸或胸外心脏按压。

（4）对“假死”者的急救措施。当判定触电者呼吸和心跳停止时，应立即按心肺复苏法就地抢救，具体方法及步骤如下。

1）通畅气道。

a. 清除口中异物。使触电者仰面躺在平硬的地方，迅速解开其领扣、围巾、紧身衣和裤带。如发现触电者口内有食物、假牙、痰血块等异物，立即把病人的头侧向一边，迅速用一只手指或两只手指交叉从口角处插入，从口中取出异物，操作中要注意防止将异物推到咽喉深入。

b. 采用仰头抬颏法畅通气道。操作时，救护人用一只手放在触电者前额，另一只手的手指将其颌骨向上抬起，两手协同将头部推向后仰，舌根自然随之抬起、气道即可畅通。为使触电者头部后仰，可于其颈部下方垫适量厚度的物品，但严禁用枕头或其他物品垫在触电者头下。

2）口对口（鼻）人工呼吸。使病人仰卧，松解衣扣和腰带，清除伤者口腔内痰液、呕吐物、血块、泥土等，保持呼吸道通畅。救护人员一手将伤者下颌托起，使其头尽量后仰，另一只手捏住伤者的鼻孔，深吸一口气，对住伤者的口用力吹气，然后立即离开伤者口，同时松开捏鼻孔的手。吹气力量要适中，以 16～18 次/min 为宜。

3）胸外心脏按压。将伤者仰卧在地上或硬板床上，救护人员跪或站于伤者一侧，面对伤者，将右手掌置于伤者胸骨下段，左手置于右手之上，以上身的重量用力把胸骨下段向后压向脊柱，使胸骨向下移动 3～4cm 即可，随后将手腕放松，挤压频率为 60～80 次/min。在进行胸外心脏按压时，宜将伤者头放低以利静脉血回流。若伤者同时伴有呼吸停止，在进行胸外心脏按压时，还应进行人工呼吸。一般可按照每 4 次胸外心脏按压做 1 次人工呼吸的节奏进行。

（5）除以上所述安全应急救援措施外，如有不详尽之处，还应参照项目部的专项安全事故应急救援预案执行。

六、现场应急处置注意事项

1. 佩戴个人安全防护用品方面注意事项

个人安全防护用品必须佩戴合格产品，并保证佩戴的正确性，防护器具不可轻易摘取，应急事件后应对个人的防护器具进行检查通过专业认证确保无误方可继续使用。

2. 使用抢险救援器材方面的注意事项

根据施工现场的实际情况配备相应的抢险救援器材，器材必须是合格物品，使用人员必须对器材有相应的了解。

3. 采取救援对策或措施方面的注意事项

现场处于事故、事件的地区的及受到威胁地区的人员，在发生事故、事件后应根据情况和现场局势，在确保自身安全的前提下，采取积极、正确、有效的方法进行自救和互救。事故、事件现场不具备抢救条件的应尽快组织撤离。

4. 现场自救和互救的注意事项

在自救和互救时，必须保持统一指挥和严密的组织，严禁冒险蛮干和惊慌失措，严禁个人擅自行动。事故现场处置工作人员抢修时，严格执行各项规程的规定，以防事故扩大。

创伤急救原则上是先抢救，后固定，再搬运，并注意采取措施，防止伤情加重或感染。需要送医院救治的，应立即做好保护伤员措施后送医院救治，抢救前先使伤员安静躺平，判断全身情况和受伤程度，如有无出血、骨折和休克等。外部出血立即采取止血措施，防止失血过多而休克。外观无伤，但呈现休克状态，神志不清或昏迷者，要考虑胸腹部内脏或脑部受伤的可能性。为防止伤口感染，应用清洁布片覆盖。救护人员不得用手直接接触伤口，更不得在伤口内填塞任何东西或随便用药，搬运时应使伤员平躺在担架上，腰部束在担架上，防止跌下。平地搬运时伤员头部在后，上楼、下楼、下坡时头部在上。搬运中应严密观察伤员，防止伤情突变。

若伤势较重或伤势不明，为防止二次伤害，应对伤者受伤部位进行简单止血处理后等待医护人员救护。

5. 现场应急处置能力确认和人员安全防护等事项

应急小组领导、应急抢险人员到位并配备抢险器材，确认有能力进行抢救，个人安全防护到位佩戴正确并物品合格。

6. 应急救援结束后的注意事项

应急救援结束后切勿放松警惕，所有人员必须立即撤离现场远离事发地点，做好人员清点，确认用品给养是否到位。认真分析事故原因，制定防范措施，落实安全责任制，防止类似事故发生。

7. 其他需要特别警示的事项

对特殊环境下工作期间的人员到岗、标示明确、防护到位等方面完善。根据现场提出其他需要特别警示的事项。

第十二章

吊装作业机具的试验与检验

第一节　吊装作业机具试验的基本要求

吊装作业机具出厂前应经出厂试验，新产品定型、改进，还应做型式试验，施工现场应做定期试验和检验。吊装作业机具的出厂试验和型式试验应符合相关的技术标准要求。

一、出厂试验

1. 出厂试验的内容

（1）空载试验。在额定速度下进行，持续时间不小于1h。

（2）负载试验。在额定载荷及额定工况下进行，额定工况必须包括全部使用工况，每种工况持续时间不小于1h。

（3）过载试验。以大于额定载荷的慢速情况下的载荷加于机具，且停留时间不少于10min。

（4）压力耐压试验。适用于液、气压系统。

（5）制动试验。对各种有制动要求的设备应按相关国家标准、行业标准进行试验。

2. 出厂试验后的检查

出厂试验后检查除必须达到设计性能要求外，还必须达到下列要求。

（1）零件无可见裂纹。

（2）零件无残余变形或超过设计许可的变形。

（3）无固定连接件及紧固件松动。

（4）无不允许的不均匀振动冲击和噪声。

（5）无漏气漏液。

（6）温升不超过规定值或设计许可值。

（7）无违反安全、劳保、环保、卫生等相关标准的规定。

（8）有电气系统的设备要求整套系统安全可靠，动作反应灵敏。

二、型式试验

型式试验应包含下列内容。

（1）出厂试验的全部内容。

（2）寿命试验。在额定工况下测定符合试验要求情况累计出现的时间。

（3）耐振试验。要求以 $1.5m/s^2$ 的加速度振动 2×10^5 次，不出现违反出厂试验要求的情况。

（4）破坏试验。对起重附件及损坏后能造成人身伤亡和重大生产设备事故的关键零部件与小型机具应进行破坏试验，其安全系数应满足相关标准对破断安全系数的要求。

三、工地定期试验

变电工程使用的吊装作业机具应定期进行试验。新购置的吊装作业机具，自机具合格证件（含试验报告）发出之日起 12 个月内不需要重新试验。吊装作业机具特别是吊装机械在大修后应进行试验，不受定期试验期限的限制。吊装作业机具试验均应做好试验记录并归档，以便日后查验。

第二节　吊钩的试验与检验

一、出厂试验

（1）吊钩在卸掉试验载荷后，不得有任何可见缺陷和裂痕，吊钩的开口变形不得超过 0.25%。

（2）吊钩应具有可靠的承受住任何小于 2 倍试验载荷的承载能力。

二、验收试验

当制造厂与用户统一按出厂试验进行核查时，应按下列条件进行拉伸试验。

（1）对吊钩进行钩口变形试验，应符合出厂检验规定。

（2）当吊钩承受最小等于 2 倍试验载荷时，吊钩不应破坏或其开口大到不能承受载荷。

（3）吊钩的最后破坏形式应是塑性变形而不得断裂。

三、试验设备及方法

（1）试验设备。吊钩的试验设备为万能材料试验机，试验机施加拉力的误差不超过±1.5%。

(2) 试验方法。将吊钩装夹在万能材料试验机上，拉力沿吊钩轴向作用，无冲击地通过连接环的中间，环的直径大致等于吊钩钩腔直径的1/3，载荷应逐渐而均匀的增加，直至达到规定值。

(3) 吊钩开口度测量方法。用百分表对吊钩开口度进行测量计算。

第三节　钢丝绳（套）的试验、检验及报废标准

一、钢丝绳（套）的试验、检验

1. 钢丝绳（套）的检查

(1) 直径的测量。直径用游标卡尺测量，应符合下列要求。

1）测量应在无张力的情况，于距钢丝绳（套）端头15m处的直线外部上进行。在相距至少1m的两截面上，并在同一截面相互垂直的方向上取2个数值。4个测量结果的算术平均值作为钢丝绳（套）的实测直径。

2）统一截面测量的最大差值与钢丝绳（套）公称直径之比为不圆度，应符合相关规定。

3）在有争议的情况下，钢丝绳（套）直径的测量可在不超过钢丝绳（套）最小破断拉力5%的负荷下进行。

(2) 长度的测量。测量钢丝绳（套）长度的方法应供需双方协议。钢丝绳（套）长度的测量以m为单位。长度测量的允许偏差应符合相应要求。

(3) 质量的测量。钢丝绳（套）的总质量包括钢丝绳、卷轴和包装材料的质量，单位kg。计算钢丝绳（套）的单位质量时，用钢丝绳（套）的净质量除以钢丝绳的实测长度。钢丝绳（套）的实测单位质量用kg/100m作单位。

(4) 不松散检查。将钢丝绳（套）一端解开相对称的两个股，约有两个捻距长，当这两个股重新恢复到原位后，不应自行再散开。

(5) 表面质量检查。钢丝绳（套）及其股表面质量，用手触摸和目测检查。

2. 钢丝绳（套）的试验

(1) 试验方式与试验数量。由供需双方协商选定，订货合同中未注明者，由供方自行决定。试验方式有钢丝绳（套）组批试验和逐条试验两种。

1）钢丝绳（套）组批试验。

a. 组批规则。每批由同一结构、同一公称直径、同一公称抗拉强度、同一捻法和同一表面状态的钢丝绳组成。

b. 从每批 N 中任选 n 条钢丝绳（套）取样进行整绳破断拉力试验。

c. 从每批 N 中任选 n 条（按取样要求进行取样）钢丝绳（套）取样进行部分拆股钢丝试验。

d. 每批钢丝绳（套）N 的取样数量 n 按相关规定进行取样。

2）逐条试验。钢丝绳（套）逐条取样进行部分拆股钢丝试验。若需方要求100%拆股试验时，应在订货合同中注明。

（2）钢丝绳（套）部分拆股试验的钢丝数量。单层股钢丝绳任取一股钢丝；单股钢丝绳每层钢丝数不少于3根；多层股钢丝绳按相关规定取样。

（3）拆股钢丝试验包括下列各项内容。

1）直径的测量。钢丝实测直径应为在钢丝同一截面上相互垂直两次测量数据的算术平均值，该值应符合制绳用钢丝标准的规定。

2）拉力试验。

3）反复弯曲试验。

4）扭转试验。

5）镀锌层试验。

3. 判定规则与复验

（1）如果所有试验都符合要求，则该批钢丝绳（套）合格。

（2）如果一个或一个以上的试验项目不符合规定要求，则应在同一条钢丝绳（套）上重新取样进行不合格项目的复验，复验结果符合规定要求，则该批钢丝绳（套）仍为合格。

（3）需方验收试验或仲裁试验，钢丝绳（套）拆股初验不合格时，拆股复验可将其余各股中同一公称直径的钢丝的不合格项目全部试验，夹伤原试验结果，按100%试验评定。

（4）按组批试验的钢丝绳，经复验不合格的钢丝绳（套）应从该批钢丝绳（套）中除去。当一批中大于3条时，则该批钢丝绳（套）的其他条，按规定的取样数量做附加试验。附加试验合格，该批剩余部分的钢丝绳（套）应为合格。如果一个或一个以上的附件试验结果不符合规定要求时，则该批剩余的钢丝绳（套），应逐条取样进行试验。

（5）当一条钢丝绳（套）截成数条交货时，则从其中任选一条取样试验，如果合格，其余各条免于试验，否则应逐条取样进行试验。

4. 钢丝绳（套）的检验

（1）检验周期。

1）日常外观检验。每个工作日都应尽可能对钢丝绳（套）的可见部位进行外观检查。

2）定期检验。用于吊装机械的钢丝绳（套）应每月检查一次或多次；用于普通吊装的钢丝绳（套）应至少每吊检查一次。

3）专项检验。在钢丝绳（套）和其他固定端损坏修复后或者吊装机械停用1个月以上重新开机前应进行专项检验。

（2）检验部位。钢丝绳（套）应作全场检查，还应特别注意下列部位：①运动绳和固定绳两者的始末端；②通过滑轮组绕过滑轮的绳段；③位于平衡滑轮的绳段；④由于外部因素可能引起磨损的钢丝绳段；⑤产生锈蚀和疲劳的绳段；⑥处于热环境区域的绳段。

二、钢丝绳（套）破断拉伸试验

1. 钢丝绳（套）试件的制作方法

（1）浇铸法。将试件散头用熔融金属浇铸，冷却到常温后，夹持在试验机钳口内进行试验。浇铸法较适用绳径大于6mm或丝径大于0.5mm的钢丝绳，特别适用于绳径大于30mm的钢丝绳。

（2）套压法。将试件端头用套管压紧后进行试验。套压法较适用于金属芯类钢丝绳（套），不适用于纤维芯钢丝绳（套）。

（3）缠绕法。将试件直接缠绕在卷轮上进行试验。一般适用于绳径小于30mm的钢丝绳（套）。

（4）直接夹持法。将试件直接夹持在试验机钳口内进行试验。

2. 试件制作的要求

（1）通用要求。

1）未经使用的钢丝绳（套），试样应从外观检查合格处截取。

2）在用或已用过的钢丝绳（套），试样应从被相关各方认可处截取。

3）试验两端应用软铁丝或其他材料牢固捆扎。

（2）浇铸法试样制备。

1）在距试样两端一个夹持长度处用软铁丝等材料牢固捆扎，去掉端头捆扎丝，制成帚头状，在任何情况下不得对裸露的钢丝进行校直，但允许弯曲成钩形。

2）制成帚头状的钢丝绳（套）试样应将纤维芯切至捆扎处，为了浇铸牢固，应清除绳头钢丝表面油污，可蘸浸少量助镀剂，但不得损伤钢丝表面。

3）浸渍后的钢丝用铅锡合金或其他合金浇铸成圆锥体，但不得改变钢丝性能。

（3）套压法试样制备。

1）先将试样段两端用铁丝捆扎再从钢丝绳（套）上截取。

2）去掉捆扎丝将试样两端穿入用低碳钢、铝合金或相关材料制成的套管中，套管头内壁应倒角，再在压力机上压紧。

3）压紧过程中应避免压伤钢丝。

（4）缠绕法试样制备。将试样直接从钢丝绳上截取，必要时两端用铁丝捆扎。

（5）直接夹持法试样制备。现将试验段两端用铁丝捆扎在截取试样。对弈单股钢丝绳或钢绞线，端头钢丝可焊接在一起。

3. 试验程序

（1）一般情况下，试验应在10～35℃的室温下进行，如有特殊要求，试验温度应为23℃±5℃。

（2）试验时应平稳拉伸，当施加的拉力不大于钢丝绳最小破断拉力的80%时，试验力可快速施加，而后应缓慢增加，施加的应力速率约为10MPa/s。

（3）对于浇铸法，将浇铸好的试样置于钳口座中，即可进行拉伸试验。对于立式拉力试验机，让下钳口悬空，调整试样，使之与钳口座轴线重合，调整试验机零点后，再实施拉伸试验。

（4）对于套压法，将压好套管的试样，直接夹于钳口中，即可实施拉伸试验。

（5）对于直接夹持法，将试样两端直接夹持于钳口中，即可实施拉伸试验。

（6）对于缠绕法，现将试样一段夹紧，再将试样绕于试验轮上，拉紧试样，最后夹紧另一端，即可实施拉伸试验。

（7）在测定钢丝绳（套）的破断拉力时，如需测定伸长率，建议采用浇铸法，根据协议也可测定初次断丝拉力或断股拉力、断裂特征等项目。

（8）若试样在距夹头或切点1d（d为钢丝绳公称直径）或30mm内破断，则该试验无效。当其实测破断拉力符合有关标准规定时，则该试验有效，否则该试验无效。

（9）判定结果。试验断股时的拉力，作为实测破断拉力。

三、钢丝绳（套）的报废标准

1. 基本要求

吊装作业中特别是使用吊装机械机作业中，钢丝绳（套）应视为易损件，当检验表明其强度已降低到继续使用有危险时即应更换。

2. 钢丝绳（套）报废应考虑的可能因素

（1）断丝的性质和数量。

1）用于钢制滑轮上的单层股钢丝绳和平行捻密实钢丝绳可见断丝报废按标准执行。

2）用于钢制滑轮的阻旋转钢丝绳可见断丝报废按标准执行。阻旋转钢丝绳是承载时能减小扭矩和旋转程度的多股钢丝绳，也称为方向捻钢丝绳、多层股钢丝绳或不旋转钢丝绳、通常由两层或多层股围绕一个芯螺旋捻制而成，外层股与相邻内层股捻向相反。国内生产的防扭钢丝绳是一组左向捻和一组右向捻的单圆股钢丝绳呈交叉的螺旋轨迹编织而成。

（2）绳端断丝。绳端或其临近的断丝，尽管数量很少，表明其应力很大或者绳端连接方式不正确，应切断断丝部位，重新连接绳端。

（3）断丝的局部聚集。如果断丝聚集在小于 $6d$（d 为钢丝绳公称直径）的绳长范围内，或者集中在任一支绳股里，即使断丝数较少，也应报废。

（4）断丝的增加率。在某些场合，疲劳是引起钢丝绳（套）损坏的主要原因。当钢丝绳（套）使用一段时间后，断丝数量随着时间推移逐渐增加。根据定期记录数值推定钢丝绳（套）应报废时间。

（5）绳股断裂。如果整根绳股断裂，应立即报废该绳。

（6）绳径因绳芯损坏而减小。

1）由于绳芯损坏而造成绳径减小的主要原因有内部磨损、绳芯损坏或绳股断裂等。

2）普通钢丝绳绳径减少 10%，阻旋转钢丝绳绳径减小 3%，即使没有可见断丝，也应报废。

（7）外部磨损。由于外部磨损时钢丝绳（套）实际直径臂公称直径减小 7% 或更多时，虽无可见断丝，也应报废。

（8）弹性降低。钢丝绳（套）实际弹性显著降低，使用则不安全。弹性降低较难发现，一般用手触摸发现钢丝绳（套）明显僵硬且直径减小，可能造成钢丝绳（套）在动载作用下突然断裂，因此长期使用后的钢丝绳应特别注意弹性降低的问题。

（9）外部和内部腐蚀。

1）腐蚀可能降低钢丝绳（套）破断强度，还会促进疲劳加速，还能引起弹性降低。

2）外部腐蚀可目测发现，而内部腐蚀较难发现，只能根据诱发现象判断。

3）凡发现腐蚀较严重的钢丝绳均应报废。

（10）变形。钢丝绳（套）失去正常形状而产生可见的畸形称为变形，较严重的变形钢丝绳（套）应报废。

（11）受热或电弧引起的损坏。钢丝绳（套）由于受热灼烤或电弧作用，外表出现可识别的颜色变化时应报废。

第四节　卸扣的试验及检验

一、型式试验

1. 试验项目及要求

（1）变形试验。抽取 3 个试样，每个试样必须能承受规定的验证力，并应符合下述规定。

1）销轴不得有永久变形，且在拧松后可自由转动。

2）扣体长度尺寸的增量或从扣顶和销轴之间的记号所量取长度的增量，不得超过 0.25％或 0.5mm 两者之间较大值。

（2）静强度试验按两种起重量有不同的要求。

1）对于起重量小于或等于 63t，每个试样的极限载荷至少应等于相关规定的最小值。每个扣体和销轴必须能承受此作用力，不得出现断裂或使卸扣不能继续承载的变形。

2）对于起重量大于 63t 的卸扣，只要其他方面满足卸扣技术要求的规定，其极限强度也可通过计算验证。

（3）疲劳试验。抽取 3 个试样，每次循环作用力的最大值为相应验证力的 0.75 倍，最小值大于 0、小于 3kN，作用力频率在 5～25Hz 之间。卸扣必须在这样的条件下承受 10^4 次循环后仍能承载。

（4）验证试验。如果买方提出要求，每只成品卸扣必须经受相应的验证力，试验要求同变性试验的规定。

2. 试验方法

上述 4 项所固定的试验中，分别用直径不大于销轴直径的附件和宽度不超过销轴直径的附件装卡于卸扣，作用力沿卸扣对称中心线，无冲击地加载。

二、检验规则

（1）按变形、静强度、疲劳 3 项试验要求进行试验。若 3 个试样均符合标准要求，则确定该尺寸的卸扣合格。以上检验若有 1 个试样不符合要求，应重新抽取 2 个试样。这 2 个试样全部符合标准要求之后，才可确定该尺寸的卸扣合格。如果这 3 个试样中有 2 个不符合要求，则确定该尺寸的卸扣不合格。

（2）出厂检验。卸扣制造符合技术要求的规定并经型式试验合格则可签发合格证，准予出厂。

第五节　吊装机械的检查、维护保养与使用

一、吊装机械的检查

吊装机械的检查包括日常检查、周检和不经常使用的机械检查，检查应指派专业人员完成。

1. 日常检查

每个工作日的开始，对在用吊装机械按其类型进行日常检查。检查内容主要如下。

（1）所有钢丝绳在滑轮和卷筒上缠绕正常，没有错位。

（2）对电气设备外观进行检查，不应沾染润滑油、润滑脂或灰尘。

（3）检查所有的限制装置器或保险装置及固定手柄或操作杆的操作状态。

（4）检查超载限制器及具有幅度指示功能的超载限制器的功能是否正常。

（5）检查各气动控制系统中的气压是否处于正常状态。

（6）检查照明灯、挡风屏雨刷等是否能正常使用。

（7）外观检查起重机车轮和轮胎的安全状况及磨损情况。

（8）检查制动器和离合器的功能是否正常。

（9）检查液压和气压系统软管在正常工作情况下是否有非正常弯曲和磨损。

2. 周检

正常情况下，吊装机械应每周检查一次，或按吊装机械使用说明书和实际使用工况制定检查周期进行检查。检查内容除日常检查内容外，还应检查下列内容。

（1）所有钢丝绳外观有无断丝、挤压变形、笼状扭曲或其他损坏迹象及过度磨损、表面锈蚀等。

（2）检查钢丝绳端部结点、旋转接头、销轴和固定装置的连接情况，滑轮有无损坏及卡绳情况。

（3）检查吊装重机械的钢结构有无损伤、弯曲、变形、磨损、焊接开裂及紧固件松动情况。

（4）检查吊钩和其他吊具、安全卡等有无损坏、异常或磨损。

（5）在空载情况下，检查制动器、离合器及所有控制装置的功能。

（6）对液压式起重机械，检查液压系统有无渗漏。

3. 不经常使用吊装机械检查

（1）吊装机械如果停用 1 个月以上但不超过 1 年的，使用前按日常检查内容

进行检查，无异常时可继续使用。

（2）吊装机械如果停用1年以上，在使用前应按周检内容进行检查，无异常时可继续使用。

二、吊装机械的维护与调试

1. 预防性维护的要求

（1）应在吊装机械制造厂建议的基础上建立预防性的维护计划，并编制注明日期的维护记录以供使用。

（2）所有需要润滑的运动零件或器件应定期进行润滑。应检查润滑系统的供给情况。严格遵守制造厂规定的润滑部位、润滑保养级别和润滑方式。如果没有装备自动润滑系统，设备应在停机状态下进行润滑，并应按要求采取防护措施。

（3）更换的主要零部件应符合原制造商规定的技术要求。应经制造商同意，方可采用代用件、代用材料。

2. 部件或器件的调试

吊装机械应保持经常性调试，以保证部件或器件的功能正确。经常调试的项目包括功能性的操作机械、限制装置、控制系统、制动系统、动力装置等。

三、吊装机械的使用

1. 吊装作业计划

使用吊装机械进行吊装作业前应编制吊装作业计划。所有吊装作业计划应保证安全操作并充分考虑到各种危险因素。计划应由有经验的业务主管制订。吊装作业计划是吊装施工方案的主要组成部分，它更关注的是起重作业安全。

2. 吊装机械人员的基本要求

（1）吊装机械操作员。

1）具有安全操作吊装机械的体力和健康状况。

2）具有判断距离、高度和净空的能力。

3）在所操作的吊装机械上受过专业培训，并有吊装机械及其安全装置方面的丰富知识。

4）经过起重作业指挥信号的培训，理解起重作业指挥信号，服从指挥人员的指挥。

5）熟悉吊装机械上的灭火设备并经过使用培训。

6）熟知在各种紧急情况下处置及逃逸手段。

7）具有操作吊装机械的资质。

（2）指挥人员。

1）具有一定的吊装机械吊装作业经验。

2）经过吊装技术的培训。

3）经过起重作业指挥信号的培训，理解并能熟练应用起重作业指挥信号。

4）熟悉吊装机械的性能及相关参数，具有指挥吊装机械和载荷安全移动的能力。

（3）安装人员。

1）能够胜任高空作业环境，出于培训的目的在专业技术人员指挥监督下的操作除外。

2）具有根据物品的情况选择合适的吊具及吊装设备的能力。

3）在吊装机械安装、拆卸以及所安装的吊装机械的操作方面培训合格。

3. 吊装机械的设置

（1）吊装机械的设置应主要考虑下列影响其安全操作的因素。

1）吊装机械的支撑条件。

2）现场和附近的其他危险因素。

3）工作和非工作状态下风力的影响。

4）具备在施工场地设置或安装吊装机械以及在吊装作业完成之后拆卸和移动吊装机械的通道。

（2）吊装机械竖立或支撑条件。指派人员应确保地面或其他支撑设施能承受吊装机械施加的载荷。

（3）现场条件允许时，吊装机械的运行路线应清晰地标识，使其远离障碍物。吊装机械的任何部件与障碍物之间应有足够的间隙。如不能达到规定的间隙要求，应采取有效措施防止任何阻挡或被挤夹的危险。

（4）吊装机械工作时，臂架、吊具、辅具、钢丝绳（套）、缆风绳及载荷等，应与带电设备保持足够的安全距离。

4. 吊装机械的操作

吊装机械安全操作应执行下列基本要求。

（1）操作人员应接受起重作业指挥人员的指挥信号。无论何时，操作人员随时都应执行来自任何人发出的紧急停止信号。

（2）操作人员应对自己直接控制的操作负责。无论何时，当怀疑有不安全情况时，操作人员都应在起吊物品前应和作业人员协商。

（3）在离开无人看管的吊装机械之前，操作人员应做到以下几点。

1）被吊载荷应下放到地面，不得悬吊。

2）使运行机构制动器上闸后设置其他的保险装置。

3）把吊具起升到规定位置。

4）根据情况，断开电源或脱开主离合器。

5）将所有控制器置于“零位”或空挡位置；固定住吊装机械防止发生意外的移动。

6）当采用发动机提供动力时，应使发动机熄火。

7）露天工作的吊装机械，当有超过工作状态极限风速的大风警报或起重机处于非工作状态时，为避免吊装机械移动应采用夹轨器或其他装置使吊装机械固定。

（4）如对于电源切断装置或启动控制器有报警信号，在指定人员取消这类信号之前，操作人员不得接通电路或开动设备。

（5）在接通电源或开动设备之前，操作人员应查看所有控制器，使其处于“零位”或空挡位置。所有现场人员均在安全区内。

（6）操作人员应熟悉设备和设备的正常维护。如吊装机械需要调试或修理，操作人员应把情况迅速报告给管理人员并应通知接班操作人员。

（7）在每一个工作班开始，操作人员应试验所有控制装置。如果控制装置操作不正常，应在吊装机械运行之前调试和修理。

（8）当风速超过制造厂规定的最大工作风速时，不允许操作吊装机械。

（9）吊装机械的轨道或结构上结冰或在其周围能见度下降的气候条件下操作吊装机械时，应减慢速度或提供有效的通信等手段保证吊装机械的安全操作。

（10）夜班操作吊装机械时，作业现场应有足够的照明。

附录A

风力等级表

风力等级表见附表 A。

附表 A　　风力等级表

<table>
<tr><th rowspan="2"></th><th rowspan="2">风级</th><th rowspan="2">名称</th><th rowspan="2">景物征象</th><th colspan="2">相当于空旷平地上标准高度 10m 处的 10min 时距平均风速</th><th rowspan="2"></th></tr>
<tr><th>m/s</th><th>km/h</th></tr>
<tr><td rowspan="18">蒲福氏风等级</td><td>0</td><td>无风</td><td>烟直上</td><td>0～0.29</td><td><1</td><td rowspan="5"></td></tr>
<tr><td>1</td><td>轻风</td><td>烟有方向，风标不转</td><td>0.3～1.5</td><td>1～5</td></tr>
<tr><td>2</td><td>软风</td><td>树叶微动，风标能转</td><td>1.6～3.3</td><td>6～11</td></tr>
<tr><td>3</td><td>微风</td><td>微枝摇动，旌旗展开</td><td>3.4～5.4</td><td>12～19</td></tr>
<tr><td>4</td><td>和风</td><td>小枝摇动，吹起纸张</td><td>5.5～7.9</td><td>20～28</td></tr>
<tr><td>5</td><td>清劲风</td><td>中树枝摇动，水面小波</td><td>8.0～10.7</td><td>29～38</td><td rowspan="13">中华人民共和国热带气旋等级</td></tr>
<tr><td>6</td><td>强风</td><td>大树枝摇动，举伞困难</td><td>10.8～13.8</td><td>39～49</td></tr>
<tr><td>7</td><td>疾风</td><td>全数摇动，逆风难行</td><td>13.9～17.1</td><td>50～61</td></tr>
<tr><td>8</td><td>大风</td><td>树枝折断，逆行受阻</td><td>17.2～20.7</td><td>62～74</td></tr>
<tr><td>9</td><td>烈风</td><td>烟囱受损，小屋破坏</td><td>20.8～24.4</td><td>75～88</td></tr>
<tr><td>10</td><td>狂风</td><td>陆上少见，树倒屋毁</td><td>24.5～28.4</td><td>89～102</td></tr>
<tr><td>11</td><td>暴风</td><td>陆上很少，重大摧毁力</td><td>28.5～32.6</td><td>103～117</td></tr>
<tr><td>12</td><td>飓风</td><td>陆上绝少，极大摧毁力</td><td>32.7～36.9</td><td>118～133</td></tr>
<tr><td>13</td><td>—</td><td>—</td><td>37.0～41.4</td><td>134～149</td></tr>
<tr><td>14</td><td>—</td><td>—</td><td>41.5～46.1</td><td>150～166</td></tr>
<tr><td>15</td><td>—</td><td>—</td><td>46.2～50.9</td><td>167～183</td></tr>
<tr><td>16</td><td>—</td><td>—</td><td>51.0～56.0</td><td>184～201</td></tr>
<tr><td>17</td><td>—</td><td>—</td><td>56.1～61.2</td><td>202～220</td></tr>
</table>

附录B

吊装作业“十不吊”

吊装作业“十不吊”的具体内容如下。

(1) 超负荷或偏拉斜吊工件不吊。

(2) 指挥信号不明确或违章指挥不吊。

(3) 工件或吊物捆绑不牢不吊。

(4) 吊件上站人或放有活动物件不吊。

(5) 重量不明、光线阴暗、视线不清不吊。

(6) 带棱角、缺口物体无防护措施不吊。

(7) 高压线下不吊，氧气瓶、煤气罐等爆炸性物品不吊。

(8) 工件埋在地下，与地面建筑物或设备有勾挂不吊。

(9) 安全装置不齐或动作不灵活，失效者不吊。

(10) 工作现场超过 6 级大风或大雨、大雪、大雾等恶劣天气不吊。

附录C

吊装作业总结（口诀）

一、四步骤

吊装管控“四步骤”如下。

（1）详细勘查，方案完善。

（2）认真准备（组织）。

（3）吊装前“三查”：查人员、查机械（机具）、查落实。

（4）规范作业（实施）。

二、五个确认

吊装前指挥人员的“五个确认”内容如下。

（1）确认危险区域无人。

（2）确认吊车吊件安全。

（3）确认吊具吊点正确。

（4）确认人员已经就位。

（5）确认牵引绳准备到位。

三、三看一试

试吊前应注意“三看一试”，具体内容如下。

（1）“一看”。看作业现场环境。

（2）“二看”。看作业机（工）具。

（3）“三看”。看作业对象。

（4）“一试”。在“三看的”基础上，通过进行试吊，检验装卸作业的安全可靠性，以达到作业安全的目的。

四、八严禁

八严禁的具体内容如下。

（1）起重臂下禁止站人。

(2) 严禁站在死角边上。

(3) 严禁站在起吊件上。

(4) 严禁吊件下降时快速重放。

(5) 严禁在路基松软的场地起吊。

(6) 严禁用起重机拉动车辆和撞击物体。

(7) 严禁用起重机起吊被埋在地下的不明物件。

(8) 严禁手脚（身体）伸进已吊起的吊件下方取垫衬物。

后　　记

在编撰该书的过程中，又持续发生了广西 500kV ××变电站“4·30”基建外包生产安全事故及海南电网“6·26”外单位施工人员一般电力人身事故等。事故事件的频发再次暴露出作业人员安全意识淡薄技能水平良莠不齐，风险辨识不彻底管控措施不力等顽疾，也再次印证了本书出版的必要性和紧迫性。

参　考　文　献

［1］兰兴伟．地震地质灾害配电应急抢修培训教材［M］．北京：中国水利水电出版社，2018.
［2］李庆林．输变电工程起重与运输施工技术手册［M］．北京：中国电力出版社，2012.